ミニミ軽機関銃
最強の分隊支援火器

クリス・マクナブ 著
床井雅美 監訳
加藤喬 訳

JN056768

THE MINIMI
LIGHT MACHINE GUN

並木書房

はじめに

　本書はミニミ軽機関銃（MINIMI Light Machine Gun）の歴史・メカニズム・運用を解説したものである。併せてミニミ軽機関銃が発射する5.56mmNATO弾についても言及した。この弾薬に関しては、相反する意見があり、多くの論争が起こり、矛盾する研究結果も存在する。（訳注：ミニミ軽機関銃のアメリカ軍制式名称はM249分隊支援火器〔SAW：Squad Automatic Weapon〕。ミニミとM249の使い分けは、原則としてアメリカ軍に関わる記述は「M249分隊支援火器」とし、イギリス軍、スウェーデン軍など、アメリカ軍以外に関する記述は「ミニミ分隊支援火器」と表記。アメリカ軍と外国軍が同時に描写されている場合は「ミニミ/M249分隊支援火器」とする）

ミニミの品質と基本性能の高さ

　ミニミ軽機関銃にまつわる物語の中心は、究極の軽機関銃（LMG）の探求である。銃器デザイナーたちは、今もこの達成困難な目標を追い求めている。

　ミニミと使用する弾薬をともに検証すると、過去半世紀でこの機関銃が最も成功した小火器コンセプトであることは明らかである。

　斬新な発想で知られるファブリック・ナショナル社（一般的に

はＦＮとして知られるが、現在の正式社名はベルギー本社の所在地ハースタルにちなみＦＮハースタル）が1970年代に完成させたＦＮミニミ軽機関銃は、世界の軍用小火器市場を席巻した。

制式軽機関銃に選定し採用したアメリカ軍をはじめとして、今日までに75か国以上の軍隊が、あらゆる地形と環境下で実戦使用と実用試験を繰り返してきた。

ミニミ軽機関銃に対する評価は、どんなタイプの部隊で使われたかによって賛否が分かれる。

筆者の見解は「ミニミ自体の品質と基本性能の高さは、歩兵火力班の戦術的役割とともに重要性が確立されている」というものである。

大戦後の中間弾薬の開発

使用される5.56mmNATO弾に関する論争は1950年代にさかのぼる。この時期、各国の軍隊が第２次世界大戦後の次世代歩兵小火器について構想をめぐらせていた。

第２次世界大戦中、ライフル用の「中間弾薬（短小弾薬）」が登場した。史上初のアサルトライフルとなったドイツのＭＰ44シュツルムゲベェアーで使用された7.92mm×33弾薬である（7.92mm×33K〔短〕）。アメリカのＭ１カービン用の7.62mm×33弾薬（.30カービン弾薬）が最初の中間弾薬だと主張する人もいるが、.30カービン弾薬はピストル弾薬を延長したようなストレートな薬莢を使用し、射程も短いため、この説は説得力に欠ける。

7.92mm×33弾薬が「中間弾薬」と呼ばれるのは、拳銃弾薬とライフル弾薬の中間の威力と弾道性能を備えているからだ。具

体的には、歩兵用ライフルで使用する強力な通常ライフル弾薬と異なり、MP 44の7.92mm×33弾薬はフルオートマチック射撃がしやすいうえ、通常の戦闘射程（200メートル程度）なら十分な貫通能力と低伸弾道（訳注：弾道が直線に近いこと）を備えていたことを指す。

　ドイツ以外の国も中間弾薬の利点に気づき、戦後まもない1940年代中頃、まずソビエトが中間弾薬を使用するSKSカービンと名銃AK-47アサルトライフルを作り上げた。使用する弾薬は7.62mm×39弾。AK-47に先んじ、この中間弾薬が新型軽機関

海兵隊ヘリボーン襲撃訓練で、M249分隊支援火器を750発/分で射撃する第4海兵師団第2大隊E中隊上陸チームの機関銃手。(USMC)

銃RPD用に1944年に制式化されたことは重要だ。軽機関銃RPDはガス作動式で、非分離式金属弾薬帯でつながれた100発の7.62mm×39弾をドラムマガジンから給弾する。

　同じ頃、イギリスもいくつかの新型中間弾薬の開発実験を進めていた。EM-2ブルパップライフル用の.280インチ（7mm）弾薬である。残念ながら1954年にアメリカがバトルライフルと機関銃用の共用制式弾薬に7.62mm×51NATO弾薬を選定し、NATO加盟国にもその採用を強要したため、このイギリスの新型中間弾薬の開発は立ち消えとなった。

FNミニミ軽機関銃5.56mm初期量産型。初期型のキャリングハンドルは銃を携帯する時に広げた二脚に足がぶつからないよう、銃が傾く固定式だった。しかし折りたためないキャリングハンドルは不評で、のちに折りたたみ式になった。並べられているのはM16ライフルの30発容量のマガジン（弾倉）と機関部の下に装着する初期型プラスチック製の弾薬収納ボックス。(Tokoi/Jinbo)

5.56mm弾薬の利点

　アサルトライフルと分隊機関銃に中間弾薬を採用した社会主義諸国と、ライフルと軽・中機関銃用にフルパワーライフル弾薬に近い性能の7.62mm×51NATO弾薬を制式にした西側諸国は、弾薬をめぐる理論闘争でも東西分裂するかに見えた。

　ところが1950年代になると、アメリカ軍と銃器産業はより軽量な弾薬の研究に着手した。最終的に新弾薬は、.223インチ（5.56mm）の小口径弾丸を使用し、その実効力上、必要とされる999.7メートル/秒という極めて高い初速を達成できる弾薬に焦点が当てられることになった。

　1963年、開発された.223口径レミントン弾薬は、5.56mm M193の名称で、次世代軍用ライフルのM16用として制式化した。この決定に対し、M16ライフルを「プラスチック製トイガン」と酷評して採用に強く反対した保守的な陸軍上層部は、5.56mm弾

薬は貫通能力と射程が不足だと主張した。

　5.56mm弾薬の利点は、軽量小型なため、7.62mm口径ライフルで武装した兵に比べて、携行できる弾薬量がほぼ2倍になることと、フルオートマチック射撃が容易に行なえることだった。

　また、M16ライフルでM193弾薬を発射し人体に弾丸が命中すると、弾丸が体内で回転運動を起しやすく、驚くべき（しばしば伝説のレベルまで誇張された）銃創を生じた。

　アメリカのM16ライフルに続き、各国でこの新弾薬を使用する新世代ライフルの開発が進められた。NATO諸国も小口径高速弾薬に転換することになり、ライフル用の弾薬を従来の7.62mm×51弾薬に代えてM193弾薬を高性能化したFNハースタル社原案の5.56mm×45 SS109弾薬を1977年に選定した。

5.56mm軽機関銃への道を開く

　この小口径高速弾薬の登場に機関銃はどう適合したのか？ 従来の制式ライフル弾薬は射程を重視した強力なものが多かったため、ヘビーマシンガンを除き、機関銃はその時代ごとの制式ライフル弾薬を使用することで、要求される優れた射程と貫通力、殺傷力を達成できた。

　ソビエト軍は、7.62mm×39弾薬を使用するRPD軽機関銃と後継のAKMアサルトライフルを発展させたRPK軽機関銃を選定して使用した。長く重い銃身を装備することで中間弾薬の性能を最大限に発揮させ、分隊支援用の軽機関銃として有用なことを証明した。

　アメリカでは1960年代、独創性で知られた銃器デザイナー、

ベトナム戦争でストーナー63（Mk23）を使用する米海軍特殊戦部隊SEALsの隊員。この兵器システムはモジュール式小火器の草分けとなり、ベルト給弾式の5.56mm軽機関銃への道を開いた。（US Navy）

ユージン・ストーナーが「ストーナー63モジュール式兵器システム」を考案した。この小火器システムは巧妙に設計されており、ストック（銃床）、給弾装置、銃身を組み換えることで、ライフルにも軽機関銃にも、あるいは中機関銃にも変更できた。

　モジュール式火器が備えている戦術的な柔軟性にもかかわらず、ストーナー63は本質的に5.56mm口径小火器だった。軽機関銃として使う時は、75、100、または150発分離式金属弾薬帯をボックス型マガジンに収納して給弾し、発射速度は700〜1000発/分。この兵器システムは、ベトナム戦争中に少数ながら米海軍

M249分隊支援火器を射撃する海兵隊の新兵。傾斜した前部グリップは最近になって取り付けられたもの。2014年撮影。（USMC）

特殊戦部隊SEALsに配備された。

　特殊作戦で使用したSEALsは先進的なストーナー・モジュール・システムを高く評価したが、その信頼性には問題があった。さらにストーナー63はミニミの登場で影が薄れる運命にあった。

歩兵火力を根底から変えたミニミ軽機関銃

　1970年代、各国は5.56mm口径の軽機関銃の開発に着手し、西側の5.56mm口径軽機関銃は徐々に認知された。スペインのセトメ社は、ドイツの7.92mmMG42汎用機関銃の縮小モデルのようなベルト給弾式の5.56mmアメリ軽機関銃を1974年に生産開始し

三脚架（トライポッド）に装着されたミニミ軽機関銃初期量産型。三脚架は拠点警備などの防衛用マシンガンとして使用する際に用いられた。写真はスターライト暗視スコープを装着。初期型ミニミはスコープを装着するにはマウントを追加装備する必要があった。(Tokoi/Jinbo)

た。アメリ軽機関銃は、MG42と異なるハーフローラーロックを組み込んだ遅延ブローバック方式で設計されていた。

　1970〜80年代前半にはシンガポールCIS製のウルティマックス100軽機関銃やイギリスRSAF製のSA80軽支援火器（LSまたはL86A1）などの5.56mm軽機関銃が登場した。

　1974年になると、ベルギーのFNハースタル社がFNミニミを開発し、5.56mm軽機関銃市場に参入した。当初FNミニミは目立たなかったが、1982年に大量生産が始まると市場を席巻し、歩兵火力コンセプトを根底から変えた。

目 次

2015年、アラスカ州の演習地でM249
分隊支援火器の射撃検定を受ける第
25歩兵師団の米陸軍兵士。（USAF）

第1章
最強の分隊
支援火器

ミニミ開発の発端

　後年ミニミとなる軽機関銃の開発が始まる頃までに、FN社（監訳者注：FN〔ファブリック・ナショナル〕社は社名を第2次世界大戦後だけでも数回にわたって変更した。最初にFNデ・ゲール社、ついでFN社、最終的に現社名FNハースタル社となった。以下、本書ではFN社に統一）は、すでに世界の機関銃設計をリードする立場にあった。1958年から使われ始めたFN社の主力製品MAG（Mitrailleuse d'Appui Général：フランス語で汎用機関銃の意味）7.62mm汎用機関銃が、80か国以上で採用され、成功を収めていた。

　1970年代初頭にアーネスト・ベルビエ（MAGの設計技師の1人）とモーリス・バーレットに率いられたFN社の設計チームは、5.56mm口径の軽機関銃の開発に着手した。

　彼らが最初に手がけた製品は、FN CAL（Carabine Automatique Légère：FN軽量自動カービン）と呼ばれるアサルトライフルである。

　FN MAG 7.62mm汎用機関銃と同様に世界の武器市場で大きな成功を収めていた7.62mm口径のFN FALバトルライフルの5.56mm口径版だった（このライフル用に開発されたSS109弾が1977年、5.56mmNATO弾のモデルになったことは興味深い）。そして同チームの次の目標がミニミの開発だった。

　ミニミの開発プロジェクトには以下の設計条件が課されていた。

　軽機関銃が歩兵用武器として機能するためには、兵士が1人で扱えることが不可欠だった。重量と寸法だけでなく、たとえば容器に収納されていない長い弾薬帯で給弾する銃は1人では

開発のごく初期段階のミニミ原型プロトタイプ。もともとミニミ軽機関銃は英国特殊部隊SASが、イギリス軍制式のL7A1機関銃（FN MAG）よりも特殊作戦に向いた小型で軽量な機関銃を求めたことで開発が始められたという。そのため開発の初期段階では、5.56mm×45弾薬ではなく、L7A1機関銃と同じ7.62mm×51弾薬を使用する機関銃として設計が進められた。写真のプロトタイプも7.62mm×51弾薬口径。この機関銃は研究用で量産されることはなかった。（Tokoi/Jinbo）

扱いにくいため、使いやすい給弾方式にも配慮しなければならなかった。さらにボタンやレバー類を左右両面で操作可能にする設計も求められた。

　技術面でベルビエとバーレットが重視したのは、あらゆる戦闘状況下で高い発射能力を発揮できる作動方式は何かという点だった。銃身システムの選択も極めて重要だった。生産性と整備性を優先して固定銃身を採用した軽機関銃もあるが、固定式

ＦＮミニミ軽機関銃に装塡された5.56mm弾薬帯。緑の弾頭はM855通常（ボール）弾薬で、間にある赤い弾頭はM856曳光（トレーサー）弾薬。（USMC）

では、実戦で1分あたり100発以上射撃すると銃身が過熱し、持続射撃能力が限定的になる。

　したがって、ミニミ軽機関銃が分隊支援火器に相応しい持続射撃を行なうには、迅速な銃身交換システムが不可欠だった。

　銃を載せる銃架も重要だった。軽機関銃には射撃時に銃を安定させるバイポッド（二脚）が装備されているが、支援射撃で十分な威力を発揮させるにはトライポッド（三脚）が不可欠で、車載銃架もオプションとして必要となる。そしてなにより重要なのは、最前線で使われる機関銃用弾薬として、5.56mm弾が十分な威力を持つ事実を証明することだった。

　ミニミ誕生に至る経過は、設計および開発が長期にわたったことを除いてあまり詳しく公表されていない（監訳者注：ミニ

英国特殊部隊SASの要請に応えて開発された最も初期のミニミ軽機関銃プロトタイプ。全体の設計にはL7A1（FN MAG）汎用機関銃のデザインが多く流用されている。この機関銃もテスト用に少数が製作されただけで、のちのミニミ軽機関銃の研究用に使用され、量産に移行することはなかった。（Tokoi/Jinbo）

ミはイギリスのSASが制式軽機関銃だったFN MAGより軽量で機動性のよいマシンガンを求めたことが発端となって開発がスタートした。このためミニミにつながる最初の軽機関銃は、ミニミと同様にプレスされたスチールプレートのレシーバーなどを採用したもので、軽量だった。弾薬は5.56mm×45口径ではなく、7.62mm×51口径だった）。

1974年には複数の試作品が登場したが、軍による採用・制式化にともなう大量生産にはさらに8年の歳月を要した。FN社はミニミを成功させるために万全を尽したのだ。

初期型ミニミのメカニズム

アメリカ国防総省は、1972年3月にアメリカ軍向けの新型分隊支援火器（SAW）に関する「材料仕様書」を公表した。候補は複数あがっていたが、なかでもアメリカはFN社の開発計画

1975年頃に撮影された初期型ミニミ軽機関銃の1つ。この段階のモデルは弾薬帯による給弾のみでマガジンによる給弾はできなかった。（Smith & Ezell）

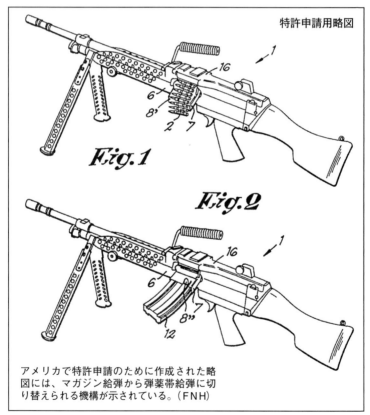

特許申請用略図

Fig.1

Fig.2

アメリカで特許申請のために作成された略図には、マガジン給弾から弾薬帯給弾に切り替えられる機構が示されている。（FNH）

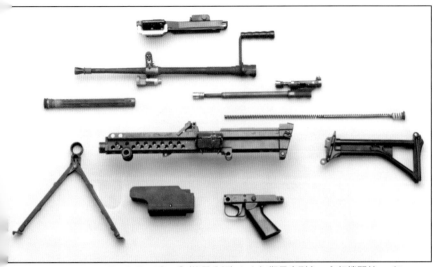

フィールドストリッピング（簡易分解）した初期量産型ミニミ軽機関銃。バレル（銃身）とボルト（遊底）を直接かみ合せてロックする構造で設計され、レシーバーがさほど強度を必要としないところから、機関銃全体を軽量化することが可能になった。バレルに装備されたキャリングハンドルが固定式であることに注目。(Tokoi/Jinbo)

を注視していた。

　ベルビエと開発チームは、アメリカの関心を惹き世界最大の兵器市場に参入するには、新型火器が強い第一印象を与えなければならないことを理解していた（アメリカ軍のミニミ採用に至る経緯は後述）。

　注目すべきは、ベルビエと開発チームが新型軽機関銃の設計に着手した当初、7.62mmNATO弾薬仕様の銃を念頭に置いていたことだ。これはFN MAG汎用機関銃を軽量小型化したような銃だったが、その後、デザインの焦点は7.62mm弾薬からFNが自社開発した5.56mm口径ＳＳ109弾薬に移っていった。55グレイン（約3.56グラム）弾丸を用いたM193弾薬に比べ、63グレイ

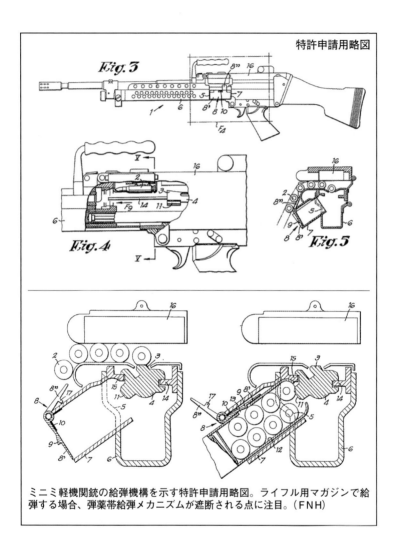

ミニミ軽機関銃の給弾機構を示す特許申請用略図。ライフル用マガジンで給弾する場合、弾薬帯給弾メカニズムが遮断される点に注目。(FNH)

ン(約4グラム)弾丸のSS109弾薬は射程が長く、軽機関銃に適していた。

同時に、5.56mm弾薬への転換は全体の重量軽減にもつなが

初期量産型ミニミ軽機関銃の折りたたみ（テレスコーピック伸縮式）ショルダーストック・プロトタイプ。特殊部隊や空挺部隊などの要請を受けて試作されたが、ショルダーストック自体の強度や機関銃を照準して保持することなどに問題があり、テスト用などに少量生産されただけだった。(Tokoi/Jinbo)

り、兵士1人で扱える重量になった点でも重要だった。MAG汎用機関銃の11.8キログラムに比べ、1974年暮れに登場したミニミ試作品第1号は約7.25キログラムだった。

　複数の銃が新型軽機関銃に影響を与えているが、初期型ミニミとMAG汎用機関銃を比べるとガス圧利用の点で類似した印象を受ける。

　ミニミは試作段階からガス圧作動方式で設計された。ロングストロークピストンと3個のロッキングラグを備えたロータリーボルトが組み込まれている。これらのメカニズムは信頼性の高いAK-47に使用されたものと似ている。

　連続射撃中の冷却効率が高いオープンボルト方式で発射し、引き金を引くまでボルトキャリアーにはリコイルスプリングの圧力がかかっている。

　ガスシステムにはガス規制子（ガス流入量調節器）が備えら

1980年代初頭のミニミ軽機関銃。その目立った特徴は円錐形のフラッシュハイダーを装備している点と、ショルダーレスト付き尾板を備えたスケルトンストックだ。ハンドガードやストックはやや簡易な造りである。(Royal Armouries)

れ、通常以外に「悪条件下」のセッティングが選択できる。「悪条件下」のセッティングは、シリンダーやピストン部分に火薬の燃えカスが溜まってボルトが動きにくくなった場合に用い、ピストンに流入するガス量を増やすことができる。

　火薬の燃えカスが溜まっていないクリーンな状態でこのセッティングをすれば、連射速度を700〜1000発/分に上げられる。

　射撃準備を行なうコッキングハンドルは右側面にあり、ボルトキャリアーから独立し、発射時には前進位置にとどまり前後動しない。射手にとって便利な機構である。

　試作型ミニミは木製のショルダーストック（銃床）とプラスチック製のピストルグリップ、スチールプレートをプレス加工で成型した通風孔付きの大型フォアエンド（先台）を装備して

いた。

　ガスチューブと銃身の大部分はフォアエンド内に収められている。バイポッド（二脚）には、多数の孔が重量軽減のために空けられている。

　銃身は銃本体の左側面にある固定レバーを操作してすばやく取り換えることができる。銃身とガスシステムは一体化されており、銃身交換の際は両方を一緒に交換する。

　ミニミの照準装置は固定式フロントポストのフロントサイト（照星）と、給弾トレイヒンジのやや手前に位置するアパーチャーサイト（穴照門）のリアサイトからなっている。これはMAG汎用機関銃に類似するが、もともとはドイツのMG42汎用機関銃に使われていた形式である。

革新的な複式給弾システム

　ミニミの初期型と1980年代に登場した量産型には違いがある。同銃の最終設計に影響を及ぼした諸要素を知るには、70年代のアメリカで何が起きていたかを理解する必要がある。60年代末、アメリカ陸軍は歩兵部隊が持つ火力のタイプと組み合わせに関する研究を始めた。

　陸軍訓練教義司令部（TRADOC）は「戦術的多様性を達成するため、小銃歩兵分隊の各射撃班に1人、計2人の機関銃手が必要」との結論に達した。この結果、兵1人で操作可能な新型機関銃「分隊支援火器」（SAW）の要求草案が1972年3月に承認され、新型兵器の各社競合試作が行なわれることになった。これがミニミの開発の背景だ。

　陸軍武器課が最初に決めたのは、使用する弾薬だった。最初、アメリカ軍は制式ライフル用の弾薬である5.56mm×45弾薬と、より強力な7.62mm×51弾薬の中間とされた6mm×45弾薬を選択した。

　ミニミの開発初期段階にあったFN社は、5.56mm×45弾薬の射程をさらに延長するというアメリカ軍の考えを不合理だと判断し、この要求を無視した。最終的にアメリカ軍も、より合理的な5.56mm×45弾薬を選択し、構想を修正した。

　分隊支援火器で使用する弾薬が5.56mm×45に決定された結果、FN社もアメリカ軍分隊支援火器競合開発プログラムに1974年から参加した。ミニミはベルギーの新機軸とアメリカ側要求の双方を反映するデザインとなった。

　ミニミの競争相手はアメリカのメラモント社のXM223、フィルコ・フォード社のXM234、ロッドマン研究所のXM235、さら

にドイツのヘッケラー＆コッホ社のHK23だった。

　FN社は新規の工夫と改良を続け、1977年までには設計を現行のミニミ軽機関銃に近い形態に進化させた。ストック（銃床）は中空のスケルトン型になり、通気口付きのヒートシールドに一体成型のハンドガードが装備された。バイポッド（二脚）は、孔のないプレス製のものとなり、長さを調節できるデザインになった。

　銃身交換用ハンドルは薄手になり、リアサイトはレシーバー上の射手の目に近い位置に移された。長めでガス抜き孔がいくつも空いた原型のマズルブレーキは、より単純なスリット式に再設計された。

　最も重大な変更は、弾薬帯ボックスからでも、ライフル用マガジンからでも給弾できる複合式給弾機構が採用されたことである。開発当初はFN FNCアサルトライフルのマガジンしか使えなかったが、のちにM16ライフル用のNATO標準マガジンから給弾できるように改められた。

　この給弾システムはモーリス・ブラレットが設計したもので、1977年4月18日にアメリカで特許が申請された（US 4112817A 1977）。特許申請の要約には次のように書かれている。

　　この発明は弾薬帯とライフル用マガジンを使って同一の弾薬を小火器に給弾するメカニズム関するものだ。この小火器には側面に開口部があり、マガジンを挿入するためのスリーブが突き出している。このスリーブにはカバーが装着されており、弾薬帯で給弾する場合にはスリーブの挿入口が閉鎖さ

初期の原型プロトタイプ段階のミニミ・パラ（折りたたみ式小型ミニミ）試作品。特殊部隊の要請を受けて開発が始められただけあり、ミニミ軽機関銃は開発のごく初期段階から、携帯性のよい小型折りたたみ式のミニミが並行して研究されていた。この試作のショルダーストックは銃の側面に回転させて折りたたむ形式で設計されている。バレル上部のキャリングハンドルも折りたたみ式になっている。（Tokoi/Jinbo）

れるようになっている。ボルトには溝が2本切られている。1つは弾薬帯で給弾される弾薬用で、もう1つがマガジンで給弾される弾薬用だ。（米国特許4112817A 1977）

このシステムはうまく設計されており、弾薬帯で給弾する場合はマガジン挿入口が閉鎖される。マガジンで給弾する際は弾薬帯の装着口が閉鎖される仕組みだ。銃にいっさい変更を加えることなく、射手が弾薬帯の給弾とライフルのマガジンからの給弾を切り替えられる点はトライアルで大きな強みとなった。

過酷な比較試験
ミニミが最終形態へと進化を続けていた1979年4月、4種類のSAW（分隊支援火器）候補の比較試験が開始された。試験

初期量産型ミニミ軽機関銃車載型。ミニミ軽機関銃のハンドガードやバイポッド（二脚）、ショルダー・ストックを取り外せば、装甲車両のガンポート（銃眼）に取り付けられる車載型に変身する。バレルには車載用の加工が施されており、ガンポートに装着する際にじゃまになるフロントサイトが取り除かれている。(Tokoi/Jinbo)

された機種はM16A1ライフルに重銃身を装備したXM106、フォード・エアロスペース社のXM248（XM235の改良型）、ヘッケラー＆コッホ社のXM262、そしてXM249の試験用名称を与えられたミニミだった。

　1974年以来、多くの改良を重ねてきたミニミは、アメリカ向けを考慮して製造工程も簡略化された。レシーバーはスチールプレートをプレス加工で、銃身交換システムとハンドガードおよびストックもアメリカ側の要求に沿って改良された（ヨーロッパ版とアメリカ版のミニミには細部に違いがあるものの、アメリカ軍の分隊支援火器の要求を採り入れたあとも、その違いは最小限に抑えられた）。

　マガジン給弾オプションに加え、XM249は硬質プラスチック製の弾薬帯容器（200発入り）を使用でき、戦場における射手の弾薬携行量が大幅に増えた。

分隊支援火器トライアルでは徹底的な試験が行なわれた。トライアルに参加した各機関銃に過酷なテストが実施されたことは、アメリカ陸軍機関誌『陸軍研究開発および調達』（1981年1〜2月）からも推測できる。同誌は以下のとおり記述している。

　　試験期間は10か月に及び、各試作機関銃は酷暑から極寒、砂や泥まみれの環境、銃身が赤熱するほどの長時間連射など、ありとあらゆる極限状況にさらされた。
　　同時に信頼性と安全性のチェックも行なわれた。求められた性能は以下のようなものだった。
- M16ライフルを上回る射撃精度があること
- 極端な気候で使用しても作動不良がないこと
- 銃身が過熱した時、10秒以内で銃身を交換できること
- 暗視装置が装着可能なこと
- 弾薬帯給弾方式で、緊急時にはM16ライフル用マガジンが使えること
- 決められた厳格な技術基準に適合すること
- 可動部品が少ないこと
- 掃除用キットを内蔵していること
- バイポッド（二脚）を装備すること
- 標準となっているトライポッド（三脚）に装着して使用できること
- 戦闘用防寒服や化学・生物・放射性兵器防護服を着たままでも扱えること

　　材質試験部門小火器および全自動火器分課で分隊支援火器

試験主任を務めたジョージ・ニューエンハウスは「要求基準は合計で54項目あり、すべてに合格する試作機関銃はなかった。しかし、ベルギー製のミニミが他候補を上回る成績を上げた。競合試験で重要なのは、ほかの試作銃が持つ優れた点を自社の最終モデルに組み込むことができるかどうかにかかっていた」と述べた。

さらにトライアルでは、耐久性や部品交換性、射撃精度、ノイズ、射撃時の発射炎と発射煙、銃身の過熱によるコックオフ（自然暴発）なども評価で重視されたことを、ニューエンハウスは強調した。

トライアルでは、60万発にのぼる弾薬が使用され、整備のしやすさ、信頼性、安全性、人的要因の評価がデータとして得られた。

トライアルが進むにつれ、ミニミ（XM249）は最有力候補と目された。アメリカ海兵隊が好むXM106（訳注：M16A2ライフルを発展させ、重銃身を装備したオープンボルトで発射するフルオートマチック射撃限定の軽機関銃）などを相手に、1980年5月28日の中間報告では「XM249が4種類の候補の中で分隊支援火器として最も要求を満たしている」と評価された。

この結果、XM249が米軍の新ＳＡＷ（分隊支援火器）に選定された。米政府は6万8000挺を発注し、このうち最初の2000挺はベルギーで製造され、残りはアメリカに設立されたFN USA社が1984年から生産することになった。

三脚（トライポッド）に載せたM249分隊支援火器を射撃する米海兵隊員。装填カバー上部に装着した先進戦闘光学照準器（ACOG）を使い、複数の標的を迅速に捉えている。（USMC）

第2章
ミニミ軽機関銃
のメカニズム

ミニミの取り扱い手順

ミニミの基本的な構造はすでに説明したが、同銃の特性を理解するには、いま少し技術的な部分に触れておく必要がある。

ミニミの射撃手順は装填から始まる。弾薬帯の場合、まず給弾トレイカバーを開け、弾薬帯に連結された最初の弾薬を給弾トレイの溝に置く。ライフル用マガジンを使用する場合は、マガジンを挿入口に差し込む。

次に装填ハンドルを引いてボルトとボルトキャリアーを後退させる。ボルトとボルトキャリアーが後退し、復座バネが圧縮され、シアとボルトキャリアーユニットのシアノッチがかみ合

初期量産型ミニミ軽機関銃。レシーバー（機関部）下面に弾薬帯給弾のためのプラスチック製弾薬保持ボックスが装着されている。初期の弾薬保持ボックスは銃への装着部分の強度が不足しており、使用中の脱落事故が報告されたため、のちに装着部分を強化する改良が加えられた。(Tokoi/Jinbo)

ってボルトは後退位置にとどまる。

アメリカ陸軍のM249分隊支援火器取扱いマニュアル（2003年）には以下の説明がある。

　　コッキングハンドルを後方に引くと、送弾レバーの前部が右側に動き、送弾アセンブリーを右方向に移動させる。これによって送弾アセンブリーは弾薬帯の1発目の弾薬を射撃位置に移動させる。トリガーを引きボルトキャリアーが前進すると、弾薬がバレルに送り込まれて射撃される。同時に送弾レバーの前部が左側に動き、弾薬帯の次の弾薬の上にラチェットが移動する。発射後、ボルトキャリアーが後退し、この一連の動作が繰り返されて連射となる。

　話を射撃手順に戻す。ボルトが前進すると弾薬帯の最初の弾薬の後面を上部突起が引っかけて弾薬を弾薬帯から前方に押し出す。ボルトは弾薬を押しつつ前進を続け、弾薬は装填ランプ（訳注：弾薬を薬室に導く傾斜部）によってチャンバー（薬室）に送り込まれる。

　弾薬が薬室内に収まるとボルトは停止するが、ボルトキャリアーはさらに前進し、ボルトキャリアーの傾斜溝とボルトの突起の働きで、バレル・エクステンションに入っているボルトをエクステンション内で時計回りに回転させる。この回転で、ボルトの先端上下にあるロッキング・ラグ（閉鎖突起）がボルトを完全に閉鎖する。

　閉鎖と同時にボルト先端部のエキストラクターが弾薬の薬莢後部のリムを引っかけ、前進しきったボルトキャリアーに装着

ノースカロライナ州ニューリバー海兵隊
航空基地で撮影されたアメリカ海兵隊歩
兵学校のブラボー（B）中隊のM249分
隊支援火器の実弾演習の模様。弾薬帯の
最終弾が送弾されつつある。（USMC）

されたファイアリングピン（撃針）がボルトの前面に突き出し、弾薬の雷管を突き、撃発が起こる。

　薬莢内で膨張する発射ガスによって弾丸が銃身内を銃口に向けて進む。弾丸が銃口近くのガスポートを通過する際、ガスの一部がポートからガスシリンダーに流入し、ピストンを後方に作動させる。

　ピストンの動きはピストン後方のオペレーションロッドを通じてボルトキャリアーを後退させる。ボルトキャリアーの後退は、ボルトキャリアーの傾斜溝とボルトから突き出た突起の働きで、ボルトを反時計回りに回転させ、バレル・エクステンションとの閉鎖が解除される。

　ボルトがバレル・エクステンションから解放され、ボルトが後退を始めるとボルト先端のエキストラクター（訳注：薬莢を引き出す出す爪）が薬室内壁から薬莢を引きはがし、薬室から引き出す。

　ボルトが排莢孔を通り過ぎると、レシーバーに装備されたエキストラクターとエジェクターの働きで、発射済みの空薬莢が排莢口からはじき出される。後退するボルトは送弾レバーを作動させ、次弾を給弾トレイの開口部に移動させる。

　発射ガスの圧力で起動され、後退するボルトとボルトキャリアーはリコイルスプリングを圧縮して後退しきる。射手がトリガーを引き続ければ、この一連のサイクルが繰り返され、フルオートマチック射撃となる。

　弾薬帯で給弾している場合、ボルトの前進の際に分離式弾薬帯のリンクがレシーバー上部右のリンク排出口から排出される。

トリガーから指を離すとシアがボルトキャリアーのＶ字型の切り込みに噛み合ってボルトの前進を止める。ボルトとボルトキャリアーは、後退位置で維持され、次弾発射の準備が整う。

標準モデルと空挺モデル

　ミニミ軽機関銃は75か国以上で採用され、オーストラリアやイタリア、インドネシア、日本、スウェーデン、ギリシャなどでライセンス生産されている。

　また、中国や台湾、韓国、エジプトなどではライセンスなしの模倣品が製造されている。したがって、ミニミには驚くほど多くの派生型が存在する。

　ＦＮ社のミニミ・シリーズは２つのモデルに大別できる。標準型（スタンダード）と空挺型（パラ）で、銃身長とショルダーストック（銃床）の形状で判別できる。

　標準型の銃身は約465ミリで、ショルダーレスト（訳注：射手の肩の上に載せて射撃を安定させる折りたたみ式の支え）付きのアルミ製バットプレート（床尾板）を備えている。

　２本の金属製チューブで構成されたスケルトン・ショルダーストックは、ポリマー製に交換することも可能。ポリマー製ストックは内部にバッファー（緩衝器）を備え、連射速度を安定させるとともに反動を軽減させる。

　もう１つの空挺型は、名称が示すとおり落下傘兵向けのコンパクト版だ。スペースが限られた装甲車両に搭乗する兵員用でもある。コンパクトにするため銃身が約348ミリに切り詰められ、ショルダーストックも伸縮型である。

　銃身を短くしたことから弾丸の初速がわずかながら低下し

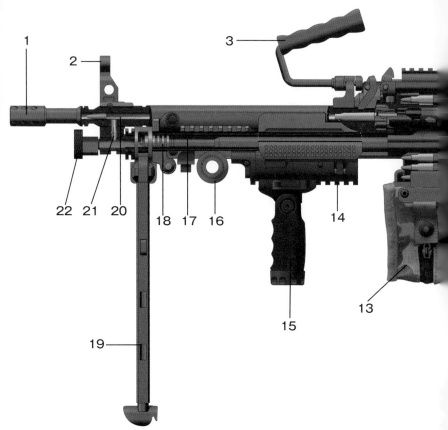

1. フラッシュハイダー
　　（消炎器）
2. フロントサイト（照星）
3. 運搬／銃身交換ハンドル
4. 付属品取り付け台
5. アパーチャー式リア
　　サイト（穴照門）
6. 緩衝装置
7. ショルダーストック
　　（伸縮型銃床）
8. シア
9. ピストルグリップ
10. トリガー（引き金）

11. オペレーティング・
　　ロッドスプリング
12. オペレーディング・ロッド
13. 弾薬帯収納パウチ
14. フォアエンド（先台）
　　付属品取り付け台
15. フォアエンド（先台）
16. トライポッド（三脚）
　　装着孔
17. ガスシリンダー
18. ガスピストン
19. 調節可能バイポッド
　　（二脚）

20. 銃身
21. ガスポート（ガス導入孔）
22. ガス導入量調節器
23. 薬室（空薬莢が入った
　　状態）
24. ボルトグループ
25. 弾薬帯
26. トップカバー
27. 装填爪
28. ピストン・アセンブリー
29. ボルト・カム突起

ミニミMk3空挺モデルの構造と各部名称

現生産型5.56mmミニミMk3タクティカル・ショートバレル軽機関銃。特殊部隊や警察の対テロ作戦などの接近戦向けに開発された。射程より携帯性と狭い空間での使用を想定してショートバレルを採用し、かさばらない布製の弾薬帯パックを装備。ショルダーストックの長さは防弾チョッキの着用を想定して微調整できる。(Tokoi/Jinbo)

た。標準型の初速が約925メートル/秒であるのに対し、空挺型では約866メートル/秒となり、有効射程も1000メートルから600〜800メートルに減少した。もっとも、この距離で命中させられ

現生産型7.62mmミニミMk3パラ・ロングバレル軽機関銃。7.62mm×51弾薬を使用するミニミの場合、携帯性を重視したパラバージョンでも、弾薬の射程の長さを十分に活用して部隊支援を行なうため、初速を大きくできる（そのぶん射程が延びる）ロングバレルを装着することが推奨されている。(Tokoi/Jinbo)

るかどうかは射手の技量によるところが大きい。

　銃身内部はクロームメッキが施され、ＳＳ109弾薬やM855弾薬用に対応したものはライフリング転度1：7（7インチで1回転）で、M193弾薬は1：12（12インチで1回転）になっている。

　ミニミの照準装置は金属製のフロントサイトとリアサイトが基本装備である。フロントサイトは上下調整が可能で、リアサイトは上下左右の調整が可能だ。アパーチャー式リアサイト（穴照門）は100から1000メートルまで100メートルごとに調節可能。またミニミにはさまざまな光学照準器も装着できる（第3章で詳述）。

5.56mmと7.62mm口径のミニミMk3シリーズ

　2000年代初頭、アメリカ特殊作戦軍（US SOCOM）は7.62mm口径M60Ｅ4機関銃の後継機種の要求性能を発表した。これに応

冷戦後、旧ソ連に属していたバルト海沿岸国のラトビアはミニミ軽機関銃を採用した。車両に搭載された標準仕様のミニミ分隊支援火器を操作するラトビア陸軍兵士 （Latvian Army）

じてFN社は、ミニミの7.62mm口径モデルを開発して生産を始めた。基本的な構造は変わらないが、作動メカニズムは改修された。

7.62mm×51弾薬の反動は強く、重量も5.56mm×45弾薬に比べて重いため、射手が携帯できる弾薬量は少なくなる。射撃中のコントロールと弾薬消費を考慮した結果、発射速度は5.56mm口径のスタンダードのミニミの700〜1150発/分に比べて、最高800発/分に抑えてある。

2013年11月、FN社は過去10〜15年にさまざまな戦域から得られた教訓をフィードバックしたMk（マーク）3シリーズを発表し、ミニミはさらなる進化を遂げた。

5.56mmモデルと7.62mmモデル双方に採り入れられた新型のミ

ニミMk3シリーズの改善点は次のとおり（オプションも含む）。

人間工学に基づいて設計された一部チューブ状になった伸縮式のショルダーストック（銃床）が装備された。ストックの全長は射手の装備に合わせて5段階に変更でき、防弾チョッキやかさばる装備を着用しても兵士が肩付けして照準しやすいデザインとなった。

ストック上部に最適の頬付けができるよう調節可能のチークピースが装備された。このチークピースにより形式やサイズの異なる光学照準器を装備した場合でも射手は最適な照準が得られる。

新型のストックには射撃方向をすばやく変更できる折りたたみ式のショルダーレストと油圧バッファー（緩衝器）が組み込まれている。油圧バッファーは連射速度を一定に保ち反動を軽減できる。

2つ目の改良点は再設計されたハンドガードで、Mk3シリーズのハンドガードにはピカティニーレール（MIL規格番号1913）が3本装備され、フロント・グリップやタクティカル・ライト、レーザー距離計／照準器などの各種の追加機器が取り付けられるようになった。

高さを3段階に調節できるバイポッド（二脚）もデザインが変更された。ピカティニーレールに付属品を装備しても、ハンドガードの左または右側面に折りたたんでロックできるようになった。

Mk3シリーズの3つ目の改善点は、過熱した銃身から射手の手を守るヒートシールドがオプションとして追加されたことだ。

コッキングハンドルも人間工学に基づいて再設計され、射手

空挺型ミニミ分隊支援火器には大型のサーマルイメージャー（熱画像式）照準器らしいものがレシーバーの横に張り出している。100発入り硬質プラスチック製マガジンが装着されている。(Pistoufinaire)

は利き腕でない手でもハンドルをしっかり握って装填できるようになった。また内蔵ロッキングキャッチが追加されたので、ハンドルは自動的に前方位置に戻り、射撃時に前後動しなくなった。

　4つ目に、給弾トレイにも重要な改善が加えられた。弾薬帯を所定保持位置に固定できる爪が付加され、立ち撃ち姿勢の射手が容易に弾薬の装填を行なえるようになった。

　Mk3シリーズには5.56mm口径と7.62mm口径があり、それぞれに4つの派生型がある。標準型は固定式合成材ストックと長銃身を備えている。空挺型にはアルミ製で伸縮式のチューブストックが装備されている。これらに加え「タクティカル」モデ

フランス外人部隊が使用するミニミ分隊支援火器。手前にはガスポート、携行用ハンドル、フロントサイトが装着された予備銃身が展示されている。
（davric）

ルがあり、5段階に長さを調節できる新型ストックが付き、長銃身か短銃身を選択できる。

　5.56mm口径モデルは、容器に入っていない弾薬帯か200発入り弾薬帯ボックス、100発または200発入り弾薬帯パック、あるいは30発箱型マガジンで給弾する。

　Mk 3シリーズにはすでに多くの顧客が関心を示しており、今後もミニミが武器市場を席捲し続けることは疑いない。

M249 SAW（分隊支援火器）

　ミニミ派生型の中で最も重要なのがM249 SAW（分隊支援火器）だ（監訳者注：現在、M249 SAWはM249マシンガンの制式

現生産型5.56mmミニミMk 3 パラ・ショートバレル軽機関 銃で武装したフランス軍特殊 部隊員。このミニミ軽機関銃 にはフランスの未来ライフル プロジェクトで開発された昼 夜汎用照準スコープが装着さ れている。(Tokoi/Jinbo)

名で呼ばれており、分隊支援火器〔SAW〕と呼ばれることは
まれになっている。この名称はもともと武器の使用区分を表し
ており、武器としての区分はマシンガンである）。

　M249の原型は、ベルギーのFN社で完成されたが、FN USA
社が改良を加え、ヨーロッパ製のモデルとはやや異なる進化を
遂げた。

　M249が選定、採用されてまもなく、アメリカ陸軍は兵器改良
プロジェクト（PIP）と名づけられたさまざまな改修を行なっ
た。M249に加えられた多くのPIP改良は、人間工学に基づいて
おり、射手の負傷を防ぐため鋭い縁部の面取りをしたり、過熱
した銃身でヤケドしないようにハンドガードを追加し、固定式
だった携行ハンドルを折りたたみ式にした。またバイポッド
（二脚）、ピストルグリップ、消炎器、照準器などにも改良が
加えられた。

　重要な改修は、金属製チューブ状ショルダーストック（銃
床）をM240汎用機関銃のものと似たコンポジット材製ストック
に変更したことと、反動を軽減する油圧緩衝システムを付加し
たことだ。

　また、アメリカ軍はガス規制子（ガス導入量調節器）をなく
した固定式を選んだ。したがってM249は発射速度を高く設定す
ることができない。

　兵士強化プログラムや迅速配備構想などによって、さらに３
つの重要な改善がなされた。安定度が増し射撃精度向上につな
がる改良型バイポッド（二脚）と、強化プラスチック製弾薬入
れに代わる200発入りソフトパック（2008年に配備されたが、
NATO標準マガジンも緊急時には使用可能）が採用されたほ

M249 SAW（分隊支援火器）の諸元

（米陸軍装備品取扱いマニュアルFM3-22.68より）

使用弾薬：5.56mm普通弾および曳光弾（4：1の割合）は200発入りドラムマガジン（約3.14キログラム）で給弾する。

曳光弾燃焼終了距離：900メートル以上。このほかに空砲と訓練弾がある。

全　長：約1038ミリ

重　量：約7.44キログラム

M122トライポッド（三脚）重量：約7.26キログラム（旋回・上下調節装置および架軸を含む）

最大射程：3600メートル

最大有効射程：1000メートル（上下調節装置付きトライポッド使用時）

地域目標に対する射程：1000メートル（トライポッド使用時）

地域目標に対する射程：800メートル（バイポッド使用時）

制圧射撃射程：1000メートル

均一傾斜地形で可能な最大グレージング射程：600メートル（訳注：弾道が地面とほぼ平行になるように掃射すること。敵歩兵部隊の突撃などを阻止する場合に有効な射撃法）

M122A1トライポッド使用時の高さ：約406ミリ

連射速度

持続射撃時：100発/分（6〜9発の短連射を4〜5秒間隔で行ない、10分ごとに銃身交換する場合）

速射時：200発/分（6〜9発の短連射を2〜3秒間隔で行ない、2分ごとに銃身交換する場合）

構造上可能な発射速度：650〜850発/分（継続連射で毎分銃身交換する場合）

基本弾薬携行量：1000発（200発入りドラムマガジン使用時）

仰角調整（上下調節装置使用時）：+200ミル（+11.25度）

仰角調整（上下調節装置不使用時）：+445ミル（+25.031度）

俯角調整（上下調節装置使用時）：−200ミル（−11.25度）

俯角調整（上下調節装置不使用時）：−445ミル（−25.031度）

旋回調整（旋回上下調節装置使用時）：100ミル（5.625度）

標準射撃範囲（ドライポッド使用時）：875ミル（49.21度）

1990年代末期のM249分隊支援火器。銃手の手を保護するシールドが銃身の上に付いていなかった。（USMC）

大きく改良されたM249分隊支援火器空挺モデル。人間工学的に再設計されたピストルグリップがハンドガードの下部に取り付けられている。100発入り布製パックから給弾。（US Army）

7.62mm口径のMk48 Mod0/1はミニミから進化した軽機関銃。より大口径の分隊支援火器を求める前線の要求を反映して作られた。(US Army)

か、給弾トレイカバーとフォアエンド（先台）にもピカティニーレールが追加され、付属部品を取り付ける箇所が増えた。これらの近代化は2010年までに完了した。

M249特殊作戦用火器（SPW）

　兵器改良プログラム（PIP）によって作られた派生型に加え、M249には短縮型の空挺モデルも存在し、M4カービンのものと似た新型ショルダーストックが装備されている。

　また、1996年に公表されM249E4としても知られるM249特殊作戦用火器（SPW）は徹底した軽量化が図られた。軽量銃身を

採用したほか、携行ハンドルと車両搭載用突起、マガジン挿入口は取り除かれた。

　バイポッドと前部ピストルグリップが着脱でき、ショルダーストックは伸縮式だ。ハンドガードに代わり3本のピカティニーレール（MIL-STD-1913）が先端部に、もう1本が給弾カバー上部に取り付けられている。

　2000年になるとSPWはMk46 Mod0へと進化した。基本的にはアメリカ特殊作戦軍用の改良型SPWで、主な違いは後者が命中精度向上と過熱防止目的のために縦溝を切った重銃身を備えていることだ。

先端部上部にもピカティニーレールが追加され、ショルダーストックは軽いポリマー製固定式に変更された。さらに軽量にするためマガジン挿入口も廃止された。

　2006年、アメリカ海軍特殊戦司令部（クレイン海軍基地水上戦闘センター）とFN社は、Mk46 Mod0を新たなMk46 Mod1規格に改修する契約を交わした。改良型バイポッドを開発し、銃身を覆う上部ピカティニーレールに代わり従来のヒートシールドを再装着する内容だった。

　2000年代初頭、M249をめぐる興味深い展開があった。アメリカ特殊作戦軍が海軍水

上戦闘センターで使われていたM60E4/Mk43 Mod0に代わる新型軽機関銃の要求仕様を公表したのだ。

　採用されたMk48 Mod0は、実質的に7.62mm×51NATO弾に口径を変更したM249にほかならなかった。最新型のMk48 Mod1はM249と同じく、異なる銃身長が選択できるうえ、さまざまなピカティニーレールやグリップ、バットストックの組み合わせが可能だ。

現生産型5.56mmミニミMk3タクティカル・ショートバレル軽機関銃の射撃。携帯性を重視したバレルは短く、そのぶん射程が短距離になるが、二脚を利用してしっかりと保持照準でき、なにより連続射撃の火力により部隊のバックアップが可能だ。(Tokoi/Jinbo)

Mk48の発射速度は650～710発/分で、主にアメリカ海軍特殊戦部隊SEALsとアメリカ陸軍レンジャー部隊で使用されている。

ミニミ軽機関銃の派生型

ミニミ軽機関銃はアメリカ以外の国でも軍用銃として広く採用されている。したがって、ここで取り上げる海外派生型とそ

の名称はそのごく一部にすぎない。

　2004年のイラク戦争では、イギリス軍は開戦段階から標準型と空挺型を使用し、それぞれL108A1とL110A1のイギリス軍制式名称をつけた（制式化に先立つ1990年代、イギリス特殊部隊が使った記録が残されている）。

　イラクとアフガニスタンで得られた戦訓をもとに、イギリス軍はのちに空挺型から発展したL110A2を採用した。この派生型は、給弾カバーの上部とフォアエンド（先台）周囲にピカティニーレールが追加され、給弾カバーの上部にはSUSAT光学照準器などを取り付けている。

　イギリス連邦の加盟国のオーストラリアとカナダもミニミを制式歩兵分隊火器として採用した。オーストラリア軍はF89の制式名をつけ、標準型と空挺型が使われている。

　通常、空挺型には着脱式の前方ピストルグリップとバイポッド（二脚）が装備されている。オーストリア軍は7.62mmモデルも使用しており、「マキシミ（訳注：最大を意味するmaximumとMinimiをかけた造語）」として知られている。

　カナダ軍はミニミを積極的かつ全面的に受け入れた。基本型はC9の制式名がつけられ、チューブ状スチール製ストックを備えた標準型ミニミと同型だ。

　C9A1は3.4×ELCAN C79光学照準器を装着するためのピカティニーレールが給弾カバー上部に装備され、射撃時の安定を得るための前方ピストルグリップが付加されている。

　C9A2は、赤外線の熱紋（訳注：物体が発する熱の痕跡）を軽減させる新素材で作られた4段階に伸縮できる折りたたみ式ショルダーストック、給弾カバー上部の長いピカティニーレー

カナダ版ミニミ分隊支援火器のC9A1で武装したパトリシア王女軽歩兵第1連隊の兵士。銃口に空砲アダプターが付いている。（US Navy）

ル、調節可能なリアサイト、そして折りたたみ式携行ハンドル付きの短銃身などが特徴だ。

　海外で使われているミニミの派生型を網羅するにはページが足りない。特記すべきは、ミニミの基本設計が各種のショルダーストックや付属品の追加、そしてユーザーの要求に対する改良を極めて容易にしているという点だ。次章では、この使用者側の要求事項に焦点を当てる。

第3章
ミニミ分隊支援
火器の役割

2008年イラクのラマディーでM249
分隊支援火器の即応射撃訓練を行な
うアメリカ陸軍兵士。標準装備の金
属サイトを使っている。（US Army）

戦術面での多様な役割

　ここではM249分隊支援火器の実戦での用途について考察する。M249本来の使用目的とは何か？　素朴な疑問だが、すべての使用者を満足させる答えは容易に見つからない。歩兵が携行する火力の種類と組み合わせの変化はいつも大論争に発展するもので、M249の場合も例外ではない。

　考察を始めるにあたり、アメリカ陸軍タスクフォース・デビル諸兵科連合評価チームによる報告書『下車戦闘における近代歩兵の装備：2003年4～5月　アフガニスタン』（2003年）について言及する。

　この膨大な文書は、下車した歩兵が「不朽の自由作戦Ⅲ」（訳注：2001年の9.11同時多発テロ後、アフガニスタンのタリバン政権に対して実施された一連の軍事作戦）などの戦闘で使用した物品の調査で構成されている。

　この文書にはM249分隊支援火器の射手の負担を理解する背景として、ミニミの戦術的役割が端的に述べられている。（同報告書：22～23ページ）

スクワッド（分隊）オートマチック・ライフルマン（M249分隊支援火器射手）の説明（10.1.1.5）

　スクワッド・オートマチック・ライフルマンは全自動射撃によって、殺傷力が高いM249分隊支援火器を使用するため、小銃分隊火力班の中で重要な役割を果たす。

　M249分隊支援火器の射手は各分隊の火力班に1人ずつ配属され、チームの一員として与えられた射撃区域の警備を担当するほか、火力班長の指示に従い、臨機目標（訳注：たま

たま射程内に現れたターゲット）に対する全自動射撃を行なう。

　また、班や分隊、小隊の移動および攻撃に際し、監視と制圧射撃支援を行なうこともある。敵陣突破と爆破、負傷者救護、拘留者管理、対機甲戦闘・掩蔽壕の攻撃などを行なう特殊チームの要請で火力支援を担当することも多い。

　通常の戦術任務は以下のとおり。

- 火力班とともに移動する。
- 直接照準の全自動射撃で目標と交戦する。
- 制圧射撃を行なう。
- 障害物が取り除かれるまでの間、監視と援護射撃を行なう。
- 火力班の一員として家屋に突入し、部屋、廊下、階段などの掃討を行なう。
- 洞窟、トンネル、要塞に突入し、掃討作戦を行なう。
- 障害物の突破／迂回を行なう。
- 火力班の一員として検問所の警備を遂行する。
- 拘留者の身体検査を行なう。

射手には筋力と持久力が求められる

　これまでの記述を要約すると、ミニミ／M249ＳＡＷ（分隊支援火器）の主な利点は機動性と火力ということになる。銃本体も弾薬も軽量小型なので、歩兵はアサルトライフルと同じように携行できる。この点をさらに明確にするうえで次の比較が役に立つ。

　M16A2ライフルの重量は3.4キログラム、全長1006ミリ。ＦＮ

アフガニスタンのカンダハール州での戦闘で火力班長から照準の指示を受ける M249分隊支援火器の射手。備え付けのバイポッドではなく背嚢を使って銃を安定させている。(US Army)

MAG／M240汎用機関銃は、M16ライフルより格段に強力な火力をもっているが、銃のみで12.5キログラムあり、全長も1293ミリに達する。重量と長さに加え、弾薬と予備銃身、任務によっては必要なトライポッド（三脚）などの負担を考慮すると、M240汎用機関銃は拠点防衛や車両搭載に最適な火力班運用武器であることが分かる。

　一方、ミニミ軽機関銃は、両者のちょうど中間に位置し、標準型は、重量6.85キログラムで全長が1039ミリだ。ミニミ空挺型はストックを折りたためば、全長が767ミリになり、M16A1ライフルより短い。ショルダーストックを展開しても全長が838ミリしかなく、折りたたんだM4カービンの全長757ミリに比べ

M249分隊支援火器の空挺モデルは狭い戦闘車両にも理想的な大きさだ。装甲兵員輸送車の後部ドアから空挺用M249を手に下車するオランダ軍兵士。(P.Laurens)

ても遜色ないコンパクトさだ。重量も空挺型は標準型より若干軽い6.58キログラムだ（ミニミの諸元はモデルによって異なる。FN社のホームページによると、Mk3は7.98キログラムとなっている）。

　M249分隊支援火器の射手が「火力班の一員として部屋、廊下、階段などの掃討作戦を遂行できる」のは同銃のコンパクトさによるところが大きい。一般的な建物の出入り口の幅は80センチ強だが、空挺モデルM249なら横向きのままでも通り抜けられる。標準モデルでも、屋内の限られた空間で楽に携行できるコンパクトさだ。

　MAG機関銃では不可能だが、軽量なミニミなら短時間の肩付け姿勢射撃を行ない作戦行動できる。

　もちろん、M249分隊支援火器は超軽量で羽根のように軽い武器ではない。前述のタスクフォース・デビルの報告書は、アフガニスタンにおける平均的な任務が48〜72時間だったとしている。たとえ小休止を考慮しても、重量7キログラムに近い武器をこれだけ長時間携行するのは容易なことではなく、筋肉疲労は激しかったはずだ。

　加えて兵士はユニフォームを着用し、装備品を携行している。「分隊支援火器射手の共通装備品」の中で「戦闘携行品」だけでも以下のリストのようになる。

A：身体/ユニフォームに装着する物品

テネシー陸軍州兵部隊の第278機甲連隊騎兵中隊第1小隊の兵士がM249分隊支援火器を肩付け姿勢から射撃している。(US National Guard)

- PEQ-2レーザー/PAQ-4レーザーおよびM145マシンガン用照準器を装着した5.56mm M249分隊支援火器
- 5.56mm弾100発（弾薬帯）
- 砂漠迷彩ユニフォーム（左の袖に2.54センチ四方の低放射率赤外線テープを付着）
- 砂漠戦用ブーツ
- 認識票
- 身分証明書

- 肌着
- ソックス
- 戦闘手袋
- ライフル弾対応セラミック装甲（2枚）を挿入したインターセプター防弾チョッキ
- 暗視装置装着プレート付き高性能戦闘ヘルメット
- ベルト
- ノートとペン
- 腕時計
- 膝・肘保護パッド
- 日射、砂塵対応ゴーグルまたは市販のWiley-X ゴーグル
- 多機能折りたたみ式ナイフ

B：装備携帯サスペンダー/インターセプター防弾チョッキに装着する物品
- パウチ付きMOLLE装備携行ハーネス
- M249分隊支援火器予備銃身バッグ
- 銃剣
- 破片手榴弾
- 水筒2個（合計容量約2リットル）
- ハイドレーション・ブラッダー（背負うタイプの飲料水パック：容量約2.8リットル）
- 戦傷・目撃報告カード
- ナイロン製拘束具
- 暗視装置（PVS-14/PVS-7）
- 飲料水殺菌用ヨード錠

- コンパス
- 懐中電灯
- ケミカルライト
- 応急処置キット
- 水筒カップ
- 耳栓

（2003年 アメリカ陸軍タスクフォース・デビル諸兵科連合評価チームによる報告書：10〜11ページ）

このリストはほんの始まりにすぎない。同報告書はさらに襲撃用ラックサックとメインラックサック、そして特殊装備キットに収納される複数の物品を記している。これには「5.56mm弾薬帯（700発）」「M249クリーニングキット」「M249予備銃身バッグ」などが含まれる。

タスクフォース・デビルは、平均的な戦闘時の携行重量は最も軽い場合でも約36キログラム（平均射手体重の44.74パーセント）、最大なら約64キログラム（平均体重の79.56パーセント）に達すると結論している。

M249分隊支援火器は機関銃としては軽量だが、相応の筋力と持久力が射手に求められる。戦闘時の重量超過に関する不満については後述する。

①

M249分隊支援火器の射撃特性

　M249分隊支援火器は、7.62mm口径や .50口径機関銃ほどの遠射能力はないものの、有効な直接照準射撃と間接照準射撃を行なえる。

　軽機関銃射手の目的はできるだけ多くの標的を「被弾地域」（図①）内に捉えることだ。

　被弾地域とは弾丸が着弾する楕円形の領域で、イラストではM249分隊支援火器の射手が接近してくる敵歩兵の列に被弾地域を合わせている。

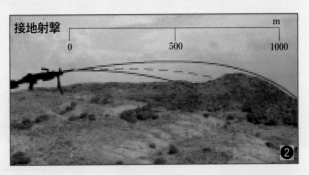

接地射撃

銃を上下左右に動かすことで被弾地域は広く長くなり、逃げる敵も捉えることができる。

また被弾地域の輪郭は地形の高低および銃の仰角によって大きく変化する。

「接地射撃」（訳注：低伸弾道掃射のこと）（図❷）の場合、発射された弾丸が描く円錐形の弾道は地表から１メートル以内だ。したがって身長１メートル以上の人間なら、M249分隊支援火器の有効射程の600メートルまでが危険領域となる。

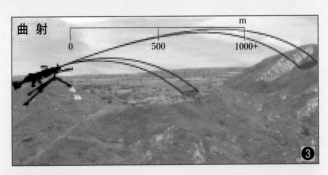

曲射

接地射撃の細長い被弾地域に比べ、「曲射」（訳注：曲射弾道掃射のこと）（図❸）では円形に近くなる。これは銃の仰角や地形条件によって弾道が大きく湾曲し、弾丸が急角度で落下してくるからだ。したがって危険地域はこの円内のみになる。M249分隊支援火器で行なう曲射の射程は1000メートルを超える。

C9A1で訓練するカナダ兵。銃口部に付けられたアダプターは空砲を発射する際、銃が正常に作動するよう銃身内のガス圧を上げるためのもの。(US)

M249射手1人で歩兵の5倍の弾薬量

M249分隊支援火器が持つもう1つの優れた点は火力だ。ＭＡＧ汎用機関銃やより強力な12.7mm（.50口径）ブローニングM2HB重機関銃は、遠距離での人員殺傷と対物破壊を主な目的としている。

たとえばMAGは1500メートル以上離れた歩兵陣地に打撃を与えることも可能だ。射程の短い5.56mm弾を射撃するM249分隊支援火器は、弾道がより湾曲するだけでなく、軽量の弾丸のエネルギーが重量のある7.62mm弾丸より急速に低下するため、こ

の距離の射撃には不適合だ。

　M249分隊支援火器の銃口初速をアサルトライフルやカービンと実際に比較するとほとんど差がない。5.56mm口径のイギリス軍のSA80A2制式アサルトライフル（別名L85A2）を例にとると、銃身長518ミリで銃口初速は930メートル/秒だ。照準器によって異なるが、有効射程は300から600メートルとされる。

　標準型M249分隊支援火器の銃身長は465ミリで銃口初速925メートル/秒だからSA80A2より劣っている。しかし、M249には優れた照準器を装着できるうえ、バイポッドやトライポッド、車両用マウントを使えばアサルトライフルより安定した射撃が可能になる。

　したがって最大有効射程は1000メートルに及ぶ。もっとも今日のアサルトライフルにはフルオートまたは3点分射機能があり、M249分隊支援火器との火力の差は軽微と言えるかもしれない。

　しかし、この結論は極めて重要な2点を見逃している。M249分隊支援火器のもつ給弾方式と連続射撃能力だ。

　M4カービンで武装した歩兵は銃に装着した30発マガジンに加え、通常、アサルトパックに6本の予備マガジンを携行する。したがって戦闘装備弾薬量は計210発になる。M4カービンの実用発射速度は30〜100発/分だが、この上限を超えると銃の過熱を招くうえ、携行弾薬の50パーセントをわずか1分で撃ち尽くしてしまうという問題が生じる。

　実用発射速度の制約を考慮すれば、通常3人のライフルマンで構成されるアメリカ陸軍火力チームの制圧射撃能力には限界がある。このアサルトライフルと機関銃のギャップを埋めるの

非合法武器の隠匿場所を急襲するアメリカ兵。左の兵士は空挺型のM249分隊支援火器で武装している。2004年10月16日、アフガニスタンのズーマットで撮影。（US DoD）

がM249分隊支援火器の役割だ。

パックの容量によって異なるが、普通、M249分隊支援火器の射手は100発あるいは200発弾薬帯を使って給弾する。背嚢には700発分の予備弾薬帯があるから計900発。また多くの場合、チームメンバーの1人は緊急時に備え200発の予備弾薬帯を携行し、バックアップする。したがって分隊支援火器射手が使用できる弾薬総計は1000発強に達する。これはM249射手1人で歩兵の5倍に相当する弾薬量になる。

しかもM249分隊支援火器は過熱した銃身を迅速に交換でき、アサルトライフルより高い発射速度で連続した射撃が可能だ。

ガス規制子（ガス流入量調節器）を使えばM249分隊支援火器の最大連射速度は1150発/分に達する。現実的には、2分ごとに銃身交換を行なう実用連射速度が200発/分というところだ。

銃身の加熱を避け、銃身の交換を行なわないためには、発射速度を85発/分程度に抑える必要がある。しかし、アサルトライフルに比べ、M249分隊支援火器は、肉厚の銃身と十分な携行弾薬量のおかげでより持続射撃が可能だ。したがって歩兵の突撃や監視および障害物破壊任務の支援などで十分な制圧射撃を行なえる。

火力と機動性を兼ね備えるミニミ軽機関銃は、銃器として2つの役割を果たす。

まず、中・長距離において制圧射撃と人員殺傷および対物破壊を可能にする軽機関銃の役割だ。

もう1つの役割は、第2次世界大戦時のブローニング・オートマチック・ライフル（ＢＡＲ）の系譜を受け継ぐフルオートマチック射撃ライフルとしての用途だ。突撃する歩兵が携行できるほ

ブローニング・オートマチック・ライフル（BAR）は塹壕戦で前進する歩兵にボルトアクション式小銃より強大な火力を与える目的で設計された。全・半自動射撃の切り替え可能な「自動小銃」だった。写真の改良型はフルオート射撃に特化したうえバイポットが取り付けられるなど、「分隊支援火器」としての性格が強くなった。

ど軽量だが、必要に応じて火力支援も行なえる火器なのだ。

　M249分隊支援火器の本来の役割に関しては大きく議論が分かれる。ことにアメリカ軍では、歩兵全自動小銃としての用途が論争を引き起こしている。これらの議論については第7章で解説する。本章では実戦における同銃の機能および火力を考察する。

射撃を安定させるバイポッド

　M249分隊支援火器の火力が弾薬固有の弾道学的特性によるものではなく、銃架（マウント）や照準器に起因するならば、これらのシステムをより詳細に検討する必要がある。各国で開発された派生型をすべて精査するには紙幅が足りないが、中核となるテクノロジーに絞れば考察できる。

　まずマウントを見てみよう。

　M249分隊支援火器の標準マウントはガスシリンダー部分に装着された一体型のバイポッド（二脚）だ。ガスシリンダーを取り外すとバイポッドもついてくる。

　最新型M249分隊支援火器のバイポッドは、伏せ撃ちの時に高さを3段階に調節できる。バイポッド下端の鋤（すき）状をし

た接地面が地表にしっかり食い込んで射撃を安定させる。使用しない時は後方に跳ね上げてフォアエンド（先台）下部に折りたたんで固定できる。

バイポッドは攻撃作戦に適しており、射手は射撃位置につくとただちにバイポッドを開いて銃を安定させ、射撃を開始する。

トライポッド（三脚）であれば、バイポッドよりも安定した射撃ができる。しかし、戦場でトライポッドに載せたM249分隊支援火器はほとんど見かけない。戦場ではバイポッドか車両マウントで使用することが一般的だ。

拠点防御の場合にはM249分隊支援火器をトライポッドに載せて使用することもある。射撃が安定するうえコントロールも容易になるので、最大有効射程まで十分に威力を発揮できる。

通常使われるトライポッドはアメリカ軍が制式とするM122トライポッド（三脚）で、銃を載せるヘッドと前部脚1本、後部脚2本で構成されている。後部脚は旋回棒で連結されており、ここに旋回・仰角調節装置（訳注：左右と上下の微調整を行なうメカニズム）が付いている。旋回棒の両端が可動式になっており、使用時は開いた位置でロック固定し、運搬したり保管したりする時には折りたためる。

旋回・仰角調節装置は照準を微調整し固定するためのものだ。旋回棒には方向を示すミル（角度の単位）の目盛りが刻印され、ひと刻みは5ミル。旋回ハンドルを回すと1クリックごとに銃口の向きが右か右に1ミル移動する。旋回調整は合計で100ミル可能だ。

もう1つのハンドルが仰角調整用で、旋回ハンドルに似た要領で調整を行なう。アメリカ陸軍の分隊支援火器マニュアルに

第２海兵師団第10海兵連隊第１大隊を訪れた将兵の家族がM122トライポッド
に載ったM249分隊支援火器の扱い方を習っている。２本の後部脚の間に見え
るのが旋回・仰角調節装置。（USMC）

よると「仰角ハンドルは１クリックで１ミル調整できる仕組み
になっている。ハンドルには、５ミルごとの目盛りとさらに細
かい１ミルごとの目盛りが刻印され、合計50ミルの上下調整が
できる。ゼロ目盛りの上と下には各200ミルの調節可能範囲があ
り、計400ミルの仰角変更ができる」（『アメリカ陸軍装備品取
扱いマニュアル 2003年』）。

　すでにアメリカ軍は大半のM122トライポッドを最新式のM
192軽量地上マウント（LGM）に変更している。M192LGMは、
M122トライポッドよりも軽く、重量が５キログラム弱しかな
い。また後部脚は独立して動かすことができるうえ、旋回仰角
調整もレバー方式に改善された。

防弾盾付きミニガン（左）と空挺型M249分隊支援火器を前にポーズをとるアメリカ空軍第36憲兵中隊の軍用犬ハンドラー、エリック・バリオス３等軍曹。M249はスイングアーム式マウントに搭載されている。（US Air Force）

車両の武装用としても広く使われる

　下車した歩兵の兵器としてだけでなく、M249分隊支援火器はさまざまな車両の武装用としても広く使われている。軽装甲車、トラック、ハンビーなど軍用車両の天蓋や船舶の甲板に搭載したり、海軍の高速攻撃艇、さらに、軽量小型なのでヘリコプターに搭載したりするにも理想的な兵器となっている。

　車両用マウントには多くの種類がある。最もシンプルなのが

ピントル（架軸）式と台座式で、架軸の先端にある回転マウントにM249分隊支援火器を連結ピンで固定するものだ。

　ピントル式より効果的なマウントがスイングアーム式だ。名前のとおり、銃はヒンジ（蝶番）で連結された「スイングする」アームの先端に搭載される。車両側面をより広範囲にカバーしたり、射撃位置を迅速に変更したりするのに有効で、必要に応じて銃を射撃位置に固定するアダプターもオプションとして用意されている。

　よく知られているのが、オーストラリア軍の装輪装甲偵察車ASLAV（8×8駆動）用のプラット・スイング・マウントだ。ＭＡＧとM249の両方に対応し、ステンレススチール製と軽量アルミ製がある。左右に130度、仰角80度、俯角60度の可動範囲を備えている。オーストラリアをはじめ、カナダ、ドイツ、イラク、イタリア、ニュージーランド、サウジアラビア、イギリス、アメリカなどの各国軍隊で採用されている。

究極の遠隔操作式マウント

　ミニミ軽機関銃の究極の車両マウントは、遠隔操作式の無人銃架（ＲＷＳ）だ。この電動銃座は最新式の火器管制装置を備え、銃手はM249分隊支援火器に直接手を触れずとも精密射撃ができる。

特殊武器監視偵察探知システム（SWORDS）とともに、フォスター・ミラー社の装軌式遠隔操作軍用ロボット「タロン」に搭載されたM249分隊支援火器。射手は最大1000メートル離れた位置から遠隔操作で射撃できる。（US Army）

RWSテクノロジーの最もわかりやすい応用例は装甲車両だ。射手は装甲板に守られた車内から操作できる。ＦＮ社が宣伝するように、ＲＷＳは政府関連施設や軍事基地、国境地帯の前哨基地、そして刑務所の監視塔での警備などにも応用できる。

　ＦＮ社の遠隔操作式無人銃架としてはディフェダー・ライト・システムが好例だ。このマウントはM249分隊支援火器とＭＡＧの両方に対応しており、銃を15秒で装着できる。この遠隔操作式無人銃架は、360度旋回でき、仰角80度、俯角60度の可動範囲を備えている。銃座は90度/秒の速さで上下左右に動き、迅速に目標を捕捉できる。狭・広視野の昼間照準器が標準装備だが、低照度および夜間照準器も選択できる。

　さらに最新鋭の火器管制システムによって、弾薬残量を表示したり、最終弾射撃後に停止・警告したり、連射速度を調節したりすることも可能になっている。このシステムでは、光学映像および火器管制情報はすべて射手のコンソールに送られ、目視確認できる。

　ディフェダー・ライト・システムには標準装備のほか、追加火力と火器管制を目的としたオプションが用意されている。下記のリストはFN社のウェブサイトによる。

● 夜間照準器（低照度、赤外線）
● レーザー距離計と弾道計算機
● 防弾・対地雷対応能力（NATO装備規格4569レベル１に対応する軽装甲車両用防弾・対地雷能力）
● 装弾数の多い弾薬パック
● 発射済み薬莢コレクター

- 行進間射撃安定装置
- センサーインターフェイス（SADLSやLWR）
- ケーブル経由の遠隔操作
- 車両間通信によるシステムのネットワーク化
- 目標追尾システム
- 内蔵式発射速度切り換え機構
- 「プレイステーション」タイプのコントロールハンドル

アメリカ陸軍の高機動多目的装輪車ハンビーに搭載されたM249分隊支援火器。ガスブロックの下にあるアダプターを介し単純なピントル式マウントに固定されている。(US Army)

　ディフェダー・ライト・システムのほかにも多くメーカーからRWSが提供されている。M249分隊支援火器対応の他機種としては、ジャイロ安定装置とレーザー距離計、弾道計算機を備えたM101CROWSやM153CROWSⅡがある。M151プロテクターは発煙弾発射機も備えている。

　以上のように、M249分隊支援火器は使用するマウントによって性格の異なる兵器に変身する。

新世代の光学照準器

　M249分隊支援火器の機能が汎用機関銃のレベルに肉薄できるのは、運用する際の柔軟性と小口径弾のおかげであるが、装着する照準器の種類によって小口径弾の射撃性能は大きく変化する。

　金属製のフロントサイト（照星）とリアサイト（照門）がM249分隊支援火器の標準装備だ。ガスブロックの上に位置するフード付きフロントサイトは単純なポスト・タイプで、給弾トレイカバーの後端に位置するリアサイトは、上下左右の調節が可能なアパーチャーサイト（穴照門）になっている。

　リアサイトの調節はサイトガードの左側面にある2個の回転式のノブで行なう。仰角（上下）調整と左右調整はどちらも1クリックにつき0.5ミルである。

　仰角は300〜1000メートルの範囲でセットできるが、1000メートル近くになると肉眼では人間大のターゲットを捕捉するのが困難で、金属サイトの上限を超えてしまう。しかし、地域目標に対してはこの距離でも交戦可能である。実用上の金属サイトの最適射程は300〜600メートルの間である。

　標準装備の金属サイトでも実用に対応できるが、現代のM249射手は各種の照準器を選択できる。M249の多くは付属品装着用レールが標準装備されているので、入手が容易で、価格の手ごろな市販の照準器を装着できる。

　新世代の戦闘用照準スコープなら、M249分隊支援火器の有効射程を完全に活用でき、迅速な目標捕捉とロックオン（標的追尾）も可能になる。

　かつてイギリス軍は、制式ライフル用のSUSAT制式スコープなどをミニミに装着していた。近年の光学照準器は用途ごとに

専用化するとともに、多用途化も同時に進んだ。

　たとえばトリジコン社のACOG（先進戦闘光学照準器）は、イギリス、アメリカ両軍でM249タイプの火器用として採用されている。ACOG派生型の中で、M249分隊支援火器システム用として設計されたTA11MGO-M249機関銃光学照準器（MGO）が最も一般的だ。

　このMGOは光ファイバーとトリチウムライト光源を併用し、

中国北方工業公司（ノリンコ）が輸出しているCS-LM85/56mm分隊機関銃。この軽機関銃はミニミのストレートコピー製品だ。（Tokoi/Jinbo）

ミニミに酷似した銃が警察車両に搭載されている興味深い写真。中国で撮影されたものだが、ミニミの模倣品をとらえた写真は多い。

2007年バグダッド国際空港の警備任務につくアメリカ空軍とオーストラリア空軍の兵士。オーストラリア空軍兵の1人（右から2人目）は暗視装置を装着したF89（オーストラリア製ミニミ）を携行している。（US Air Force）

照準点を発光させるための外部電源を必要としない。昼間は周辺光に応じ照準点の輝度が最適に保たれる設計で、戦闘機のヘッドアップディスプレイのように両目で標的を狙いながら交戦できる。

MGOの測距用目盛りは100〜1000メートルまであり、弾丸落下量補正機能も組み込まれているので、最大有効射程の1000メートルまで正確な射撃が可能になっている。

このMGOにはトリジコン社の高耐久性のミニ・リフレックスサイト（RMR）も装着できる。このレッド・ドットサイトは市

街地の近接戦闘で、両目で周囲を監視しつつ迅速な標的捕捉を可能にする。

ACOG（先進戦闘光学照準器）以外にも光学照準器は数多くある。発光ダイオードを用いたELCAN M145 3.4x光学照準器もその1つだ。アメリカ陸軍のM249分隊支援火器およびM240汎用機関銃に用いられている。

さらにELCAN社（訳注：カナダの光学製品メーカー）は人気機種のスペクターOS3.4x（カナダ軍名称はC79）とスペクターM145固定倍率スコープを製造している。どちらも耐衝撃性に優れた使いやすいスコープで、弾道補正情報を照準線に表示する機能が組み込まれている。

進化する光学照準器

光学照準器のほかにも、M249分隊支援火器には暗視スコープをはじめとする特殊な照準装置が装備されてきた。

1994年1月発行のアメリカ陸軍装備品取扱いマニュアルFM23-14（M249分隊支援火器の自動小銃としての役割）は、レイセオン社製AN/PVS-4可視光増幅型照準器（パッシブ方式の微光暗視装置）の使い方に多くのページを割いている。これを機に多くの製品が市場参入し、M249分隊支援火器は闇夜でも任務遂行が可能となった。

ミニミ軽機関銃用の最新型暗視スコープの1つはレイセオン社のAN/PAS-13（V）2で、可視光増幅方式の代わりにサーマルイメージャー（熱画像）システム（訳注：物体が出す熱赤外線を画像化する装置）を採用している。

したがって光源がまったく存在しない暗闇でも、人間などの

2004年11月９日、イラク北部のモスルで建物から敵の活動を監視する２人の
アメリカ兵。右側の兵士はM249分隊支援火器で武装している。(US Army)

熱を発している標的を捕捉・視認できる。視野内の微妙な温度
差を可視化する際、「熱い部分」を白か黒いずれかで表示する
オプションもある。

　イギリス軍とオーストラリア軍は、Qioptiq VIPIR-2TIなどレ
イセオン製品に似た熱画像スコープを使用しており、これは夜
間に距離1200メートル先の人間を検知する能力を備えている。

　オプション照準具を容易に取り付けられるピカティニーレー

ルの普及で、M249分隊支援火器にはスコープ以外にもさまざまな付属品が装着できるようになった。しかし、どのオプションを取り付けるかの判断は射手が適切に下さなければならない。一見したところ魅力的な最新装備も、やたらに取り付けると銃のバランスを損なうからだ。

　実戦で有用性が証明されたのが、M249分隊支援火器の前方に装着するレーザー照準器だ。基本型は低照度状況下または夜間に可視レーザーを投射するポインターと変わらない。多機能照準装置（MFAL）は可視レーザーと不可視赤外線レーザーを併用する高性能モデルだ。不可視赤外線レーザーは、最高倍率にした赤外線暗視ゴーグルを装着すると2000メートルまで目標の目視が可能になる。

　夜間の市街戦で有用なM249用フラッシュライトもよく装備されている。小型レーザー測距器は目標までの正確な距離を算出するもので、射手はこの情報に従いスコープで仰角を調節して正確な着弾を得られる。

　現代の小火器は歩兵が用いる総合テクノロジーの一要素にすぎない。これらのテクノロジーを活用し、迅速な標的捕捉と精密射撃を可能にするのは熟練射手である。実戦の常として、銃器の性能を余すところなく発揮するには、取扱いに精通した兵士が不可欠となる。

M249分隊支援火器の射撃姿勢

　ほかのあらゆる機関銃と同様、M249分隊支援火器の潜在性能を最大に引き出すのは熟練した射手だ。

　本銃には味方をバックアップする軽機関銃と、歩兵とともに

空砲アダプターを装着したM249分隊
支援火器。アダプターによって発射ガ
スがそらされているのがよくわかる。
この射手はELCAN ELC145 3.4x戦闘光
学照準器を使用している。（US Army）

イギリス陸軍歩兵の火力の一例を示す写真。手前はL85A2アサルトライフル。中央はL110A1空挺用ミニミ、そして後方に見えるのが7.62mm口径L7A2汎用機関銃。L7A2汎用機関銃はイギリス版のＦＮ ＭＡＧだ。(RLC MoD)

作戦を行なうオートマチックライフル（自動小銃）としての２つの役割がある。ベテラン射手は両者の違いと、M249分隊支援火器の性能限界を正しく理解する必要がある。

　たとえば持続可能な発射速度だ。M249分隊支援火器は連続射撃用の火器だが、重機関銃と異なり、膨大な量の弾薬を連続射撃するようには設計されていない。また、遠方のコンクリート製の掩蔽壕や装甲車両などの攻撃に適した兵器ではない。

　M249分隊支援火器の得意分野は、ライフル歩兵並みの俊敏さ

で、火力班や防御陣地に迅速な制圧射撃を行なうことだ。

　大型の機関銃に比べて寸法も重量も軽いM249分隊支援火器
は、射撃位置を柔軟に選べる。適正な射撃位置の重要性を強調
し、敵銃火への露出を最小限に抑えつつ「標的を監視、交戦でき
る射撃姿勢をとる」ことを教えるため、アメリカ陸軍のマニュア
ル『戦士技能レベル1』（2006年）は「M249分隊支援火器による
交戦」に1項目まるまる割いている。

　同マニュアルは「敵に有効弾を与えるには、バイポッドを使
用した伏射姿勢が最も望ましい。状況が許す限り伏射姿勢をと
るべきだ」と記述している。

　バイポッド使用の伏射姿勢をとると、地面に伏せた射手は標
的になりにくい。さらに銃を自在にコントロールできる点でも
理想的な射撃姿勢だ。両足を開き、踵を地面につけると上半身
が固定され、肩、胴体、右足が銃と一直線になる。これにより
発射の反動が吸収されやすく、照準が安定する。

　片手でピストルグリップを握り、もう一方の手でショルダー
ストック（銃床）上端を抑えて銃を安定させる。こうすると命
中率が上がり、精密な射撃修正が可能になる。

　アメリカ陸軍装備品取扱いマニュアルFM23-14（1994年）
は、左右上下の射撃修正方法を次のように説明している。

（A）横方向射撃
　着弾点を横方向に微調整する場合は肩を左右に動かして行
なう。より大きな調整は左右のヒジとツマ先にかかる体重の
割合を変えて身体を地面から少し浮かせて行なう。ツマ先と
ヒジを使い、標的と一直線になるまで身体を右か左に位置を

ミニミ軽機関銃で警備任務につくオ
ランダ兵。フラッシュライトとレー
ザー照準器を装着している。2015
年に撮影されたドイツのホーエンフ
ェルスの多国籍軍即応能力センター
での訓練風景。（US Army）

調整する。修正が終わり次第、速やかに安定した射撃姿勢に
戻り、照準・交戦を再開する。

（B）縦射

　銃口を上下に動かすことで着弾点の距離が変わる。仰角調

整は、両ヒジを引き寄せて銃口を下向きにするか、両ヒジを外側に動かして銃口を上向きにして調整する。着弾誤差が大きい場合は、射程調整ノブを回して修正する。

M249分隊支援火器の射撃の基本 （アメリカ陸軍装備品取扱いマニュアルFM23-14）

　M249分隊支援火器の射撃では4つの基本事項がある。安定した射撃姿勢、照準、呼吸の調整、トリガー・プル・コントロールだ。

（A）安定した射撃姿勢

　フルオートマチック射撃で最も重要なのは姿勢だ。正しく照準調整された銃で狙いを定め、安定した姿勢から3点分射を行なえば、初弾は狙ったところに命中する。しかし反動で銃が動くため、2発目、3発目の着弾点は徐々に分散する。このばらつきは、射手の射撃姿勢の安定度によって左右される。身体とM249分隊支援火器が一直線になる体勢を基礎に、銃をしっかり保持しながら射撃すれば着弾点のばらつきが少なくなる。

（B）照準

　M249分隊支援火器を手持ちの自動小銃として用いる場合、射手はフロントサイト（照星）とリアサイト（照門）を一直線上に置いて正しく照準し、呼吸を静めトリガー・プル・コントロールに注意を払う。

1）照準調整……視野に縦横の線を想像し、リアサイトの穴照門（ピープサイト）の真ん中にフード付きフロントサイトのポストが来るようにする。

2）焦点を合わせる……目は円の中心を自然に探し出す。これを使い、ピープサイトを覗いてフロントサイト・ポストの上端に焦点を合わせる。

3）照準……標的とフロントサイト・ポスト、ピープサイトが一直線上に並んだ図が正しい照準だ。フロントサイト・ポストの上端が穴照門の中心に来るようにし、標的の中心に狙いを合わせる。

（C）呼吸の調整

　呼吸調整法には2種類ある。着弾調整のように1発ずつ撃つ場合

現生産型7.62mmミニミMk 3タクティカル・ショートバレル軽機関銃の射撃。現用の伸縮式ショルダーストックは左手で押さえてしっかりと肩づけでき、正確な射撃が可能だ。(Tokoi/Jinbo)

は、通常の呼吸で肺の空気がおおむね吐き出されたところで息を止め、息苦しくなる前に発射する。オートマチック射撃では、空気を吐き出し息を止めると同時に引き金を引く。各短連射の間に深呼吸している余裕はない。連射前に息を止めるか、浅く短く呼吸するか、数回の短連射の間に１回深呼吸するよう訓練する。

(D) トリガー・プル・コントロール

人差し指でトリガーに圧力をかけ、発射後そのまま戻す動作である。発射弾数をコントロールするとともに、反動による銃の動きを防ぐことができる。３点分射のコツは、引き金に圧力を加える（プレス）と同時に「プレス、リリース（戻す）」と呼称し、トリガーを戻すことだ。

M249分隊支援火器の精密射撃

バイポッド（二脚）を使った伏射姿勢が望ましいが、M249分隊支援火器は軽量なので攻撃作戦や徒歩警備任務でも携行できる。したがって射手は移動しながら射撃・応戦できるよう多様な射撃姿勢に精通していなければならない。

標的を狙ったごく短時間の連射なら、M249分隊支援火器は肩付け射撃姿勢で発射することも可能だ。しかし、マニュアル『戦士技能レベル1』（2006年）では「肩撃ち姿勢から100メートル程度離れた敵と交戦するのは、ほかの姿勢がとれないか、状況によってやむを得ない場合（突撃など）にとどめる」としている。

マニュアルでは、射手が攻撃目標に到達し、至近距離から制圧射撃する場合のテクニックとして、ショルダーストック（銃床）を上腕と胸部で支える姿勢や、ショルダーストックを大腿部に押し付ける姿勢なども指導している。

マニュアルのイラストは、射手が上体をかなり前傾させて前足に全体重を乗せ、反動を抑え込んでいる。射撃反動はリズミカルな振動といった程度のものだが、もともと筋力のみで銃を支える立ち撃ちは正確でないため、この姿勢は目前の標的を掃射する場合に限られる。

M249分隊支援火器の銃口に取り付けたライフルグレネードを発射する海兵隊員。NATOスタンダードのボックスマガジンで給弾していることに注目。(USMC)

　　M249分隊支援火器の精密射撃能力は弾薬のお陰でもある。弾薬帯には、通常、普通弾4発ごとに曳光弾が1発連結してある。曳光弾によって射手は弾道と着弾点を目視できる。曳光弾は弾丸内部の発火物質が燃え尽きるにつれて弾丸が軽くなり、普通弾より早く減速し、弾道が低くなり着弾点が近くなる。

　　したがって、射手は経験からこの分を修正する必要がある。銃身内に腐食性の発火物質が付着するため、曳光弾のみを連結した弾薬帯を使うことはまずない。

第4章
M249
分隊支援火器
の整備と保守

アメリカ軍特殊部隊との合同訓練で暗視
ゴーグルを装着してM249分隊支援火器を
射撃するチリ軍特殊部隊員。（US Army）

M249分隊支援火器の整備手順

AK-47は例外としても、現役配備中に機械的故障や保守性の問題で批判されなかった軍用銃はないだろう。たとえば、実戦を経て高い評価を受けるまでになった米軍のM16ライフルと英軍のSA80ライフルは、採用当初マスコミから酷評された。

これらの例から、M249分隊支援火器に対する批判も、軍用銃がさらされる苛酷な状況を考慮し、実戦を通じて改善されていくことを踏まえて解釈すべきだ。

個別の問題点を検討する前に指摘しておきたいことがある。ミニミ軽機関銃とその米軍向け発展型であるM249分隊支援火器がこれまでに収めた大きな成功は、同銃の信頼性と機能性が優れていたことの証しだ。

ミニミが制式分隊支援火器としてM249の名称で採用される際に、アメリカ陸軍が行なった一連の性能試験は過酷極まりないものだった。試験したミニミ試作品は、考えられる天候、気温などの環境下で何万発もの弾薬を実射した。基本的な作動システムに致命的欠陥があれば、この時点で振るい落とされただろう。この性能試験で実証されたミニミの信頼性が、その後の反対意見を抑え込む大きな要因となった。

銃器メーカーは人間によるエラーを防ぐための設計と、保守プログラムを設定する。しかし、作動不良の原因は保守手順や使用方法の誤りによるものが多い。

M249分隊支援火器の基本的操作は単純だ。たとえば銃身交換は以下の手順で数秒以内に完了できる。

① 銃から弾薬を抜く。ボルトを引いて後退位置で停止させる（ボルトと銃身が結合されてロックされている状態で銃身交換はできない構造になっている）。

② 安全装置をオンにする。

③ バレル・ロッキング・レバーを左手で押し下げる。右手で銃身交換ハンドルを握り、まず前方に押し、ついで銃口部を上向きに引き上げ、さらに銃身を前進させて機関部から取り外す（射撃後には銃身が過熱している可能性があるので注意が必要だ）。

④ 交換用銃身を装着する。装着手順は③を逆にして行なう。銃を装填し射撃する前に、銃身が機関部と完全に結合されていることを確かめる。

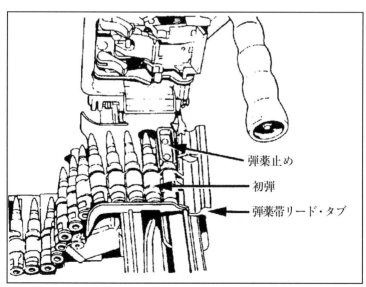

弾薬止め

初弾

弾薬帯リード・タブ

アメリカ陸軍M249分隊支援火器取扱いマニュアルのイラスト。弾薬帯を給弾トレイに装填する際の正しい弾薬帯の位置を示している。(US Army)

海兵隊員がレシーバーデッキカバーを開き、弾薬帯をM249分隊支援火器の給弾メカニズムに装填している。（USMC）

射撃不能となるため敵の攻撃に対して脆弱な「銃身交換時間」を最小限にしている点で、M249分隊支援火器の簡易な銃身交換手順は戦闘マシンガンとして理想的だ。

M249分隊支援火器の簡易分解と潤滑油

射手はスムーズな作動状態を維持するため、M249分隊支援火器の保守整備に精通している必要がある。頻繁に射撃したあと必ず簡易分解を行なう。必要な各部分を掃除（クリーニング）し、適量の潤滑油を差す。その際に使用する潤滑油の種類と量が重要だ。

M249分隊支援火器に関する問題の多くは、2003年の多国籍軍のイラク侵攻時に発生した。イラクの環境は昔も今もあらゆる

兵器にとって苛酷だ。空気中に漂う埃や砂は、弾薬帯や装填メカニズムの開口部から銃内部に侵入し、これが作動不良や部品破損を引き起こす。

　可動部品に塗る潤滑油の量が多すぎたり粘着性が強すぎたりすると、砂粒と混ざって研磨性のあるペースト状態になり部品を摩耗する。

　したがって、可動部分に差す潤滑油は、ほとんど拭き取った状態か薄い被膜を残す程度が適量である。アメリカ軍は「CLP」（洗浄・潤滑・防錆）と名づけた潤滑油を使用している。

　2008年5月15日に発行された軍規格仕様書では、以下のようにCLPの特徴や品質、そしてM249分隊支援火器の使用要領を説明している。

　　3.5.2.兵器性能。CLPは、5.56mm口径M249機関銃が下記の状況にさらされた場合、スムーズな作動を保つための洗浄、潤滑、防錆性能を備えている。

　　3.5.2.1低温。CLPを塗布したM249が18時間以上にわたり極寒環境にさらされた場合、クラスII、IIIの作動不良は回避できる。クラスIの作動不良は200発中2発以下、連続発射速度は最低でも650発/分を維持できる。

　　作動不良のクラスは、クラスIが射手により10秒以内で解決できるもの、クラスIIが10秒以上かかるものだ。クラスIIIは部隊の兵器係による修理を必要とするものだ。

アメリカ陸軍のM249分隊支援火器に関する
保守整備要領標準 (2003年)

ほとんど使わなかったり長期間保管したりする場合の保守整備。

クリーニングか点検の直後、ガス・プラグの内部、ガス調節器、ピストンにCLPの薄い被膜を塗布する。

点検によって、頻繁な手入れが必要とされた場合以外は、保守整備を90日ごとに行なう。潤滑油の塗布だけではクリーニングの代用にならない。腐食の有無を確認する点検が必要だ。

射撃前にガス調節器、ガス・プラグ、ピストンをクリーニングし、潤滑油を完全に拭き取っておく。潤滑油が残っていると作動不良の原因になる。

M249分隊支援火器で使用する潤滑油はCLPに限定する。通常と異なる環境下では、クリーニングと潤滑油の塗布を以下の手順で行なう。

1）酷暑の環境下ではグレード2のCLPを使用する。

2）塩分を含んだ湿潤な空気にさらされる場合はグレード2のCLPを使い、クリーニングを頻繁に行なう。

3）砂埃が多い地域ではグレード2のCLPを使用し、頻繁にクリーニングを行なう。毎回余分なCLPを拭き取っておく。

4）零下18度以下の低温の場合は、グレード2のCLPをたっぷり使用する。零下18度から37度の間でもCLPは必要な潤滑作用を発揮するが、零下18度以下では容器（14グラム入り）から流れ出なくなる。

M249分隊支援火器から取り出されるボルト部分。ボルトキャリアー上部の突起が給弾トラックと噛み合い給弾メカニズムを作動させる。（USMC）

CLPなど適正な潤滑油は故障防止に有効だ。しかし、極寒や砂塵、高塩分の環境にさらされた銃器で大量の弾薬を射撃すると作動不良が発生する。

戦場では、兵士はCLP以外の潤滑油も使用している。2006年の調査では、アメリカ軍将兵の23パーセントが軍の規格以外の潤滑油を使っていることが明らかになった。

小さな部品が多く簡易分解が難しいという不満

保守整備の問題とは別に、M249分隊支援火器の機能および信頼性がアメリカ軍の内部で問題視されていた。

口頭による報告の正確さを判断するのは難しいものだ。しかし、「イラクの自由作戦」から数か月たった2003年7月、アメリ

カ陸軍の小火器評価チームが歩兵兵器プロジェクトマネージャーと共同で行なった兵器性能評価は公式見解であり、信頼に値する。この報告書には次のように記述されている。

M249分隊支援火器のメンテナンスとマガジン、数種類の潤滑油に関する問題点、およびM203グレネードランチャー（40mm榴弾発射筒）の耐久性をめぐる難点が指摘されている。

M249分隊支援火器は小さな部品が多く、簡易分解が難しいうえ部品を紛失しやすい。このため多くの射手は、同銃の構造が複雑すぎるという不満を感じていた。

射撃を継続するため、戦場で緊急処置を考え出さなければならなかった射手もおり、M249分隊支援火器はイラク戦で最も問題の多い兵器だった。（歩兵兵器プロジェクトマネージャー2003年）

最後の部分は重大な意味をもっているので詳述する。同報告書には以下の追加説明がある。

　　射手にとってM249分隊支援火器の最大の問題点は、200発容量のプラスチック製弾薬帯ボックスだった。銃への装着部分に不具合があり、行軍や突撃中に銃から脱落する事故が多数報告された。

弾薬帯ボックスを銃の装着溝に固定するバネの反発力が足りないことが原因で、射手はボルトやネジ、針金などを抜け止めピンの代用にして弾薬帯ボックスの脱落を防いだ。

また、弾薬帯ボックス自体の強度が低く、とくに銃への取り付け部分がこわれやすかった。

M249分隊支援火器の設計技術者たちによると、この問題

点はすでに弾薬帯ボックスの設計変更で解消されており、報告された不具合は旧型のボックスを使用した結果だった可能性があるという。

　弾薬帯で連結された弾薬がプラスチック製弾薬帯ボックスの内部で動いて音を立てるため、兵士は携帯食料（MRE）の包装用段ボールなどを緩衝材にして音が立たないようにした。プラスチック製弾薬帯ボックスと比べると100発容量の布製弾薬帯パックは総じて評判がよく、兵士はこちらのほうを好んで使用した。

　射手はプラスチック製200発容量の弾薬帯ボックスを使うよりも、補給される基本弾薬量1000発を弾薬ケースから分けて、布製100発容量の弾薬帯パックに詰め替えて使用することを選んだ。（歩兵兵器プロジェクトマネージャー　2003年）

バーモント州ジェリコの海兵隊イーサン・アレン基地で厳寒気候訓練に備え、冬季基本擬装を施されたM249分隊支援火器。同銃は装塡ハンドルが往復運動しないので、冬季カモフラージュが容易だ。（USMC）

小銃と比べるとM249分隊支援火器の簡易分解や保守点検は複雑だ。M249分隊支援火器は作動ロッド、銃身、ハンドガード、銃床、緩衝器、引き金メカニズム、ガスシリンダー、バイポッド（二脚）、レシーバー（機関部）の8つの主要部品で構成されている。

なかでも作動ロッドは多くの細かな部品で構成され、戦場や前進基地の混乱した状況で紛失する可能性が大きかった。それでも、簡易分解は比較的容易で、多くの時間を必要としない。

ユーチューブで紹介されている動画は、アメリカ兵がM249分隊支援火器の簡易分解と組み立てを1分45秒で完了している。この簡易分解は、早さを競ったものではなく「ゆったりしたテンポ」で行なったとナレーションにある。

ブラジル軍特殊部隊とミニミ（2005年）

1945年以降、ミニミ分隊支援火器は商業的に最も成功した機関銃の1つであり、多くの国の軍隊で配備されている。南米諸国はミニミを標準装備や特殊作戦用として採用している。

右のイラストでは、ブラジル軍特殊作戦司令部要員が同国のジャングルで対麻薬カルテル作戦遂行中、ミニミ分隊支援火器の完全分解クリーニングを行なっている様子。

左の兵士は手入れ紐で銃身内部の汚れを拭き取り、右の兵士はボルト頭部に溜まった発射薬の燃えカスを溶剤に浸した歯ブラシで落としている。

地面に敷かれたマットにレシーバーデッキカバーを開いた状態の給弾アセンブリー、バイポッドなどの主要部分が置かれている。作動ロッドが右側兵士の前に置かれている。気温と湿度が高い地域では錆が発生しやすいため、定期的なクリーニングと潤滑油の塗布が不可欠だ。

M249分隊支援火器は、腐食に対して脆弱であるなど、戦場での保守に関するトラブルが頻繁に発生しており、この点を真剣に受け止める必要がある。

　M249分隊支援火器の信頼性を保つためには、絶え間ない保守努力と部隊レベルでの適切な訓練が必要だろう。だが現実問題として、長期の作戦行動で疲労しきった兵士に完璧を求めるのは容易なことでない。

布製100発容量パックが好まれる理由

　次に給弾の問題を取り上げる。プラスチック製の弾薬帯ボックスは収納弾薬量こそ多いものの、明らかに布製のソフト弾薬帯パックより劣っていた。

　さらにベルト給弾方式そのものが歩兵用の自動火器として不向きだとする意見もあった。2001年4月、アメリカ軍兵士のレイ・グランディは部内公報に『M249分隊支援火器の自動小銃用途』と題する記事を発表し、M249分隊支援火器の給弾方式は作動不良を起こした場合、素早く復旧できないことを次のように批判した。

　M249分隊支援火器に対する私の評価は、戦場における実体験に基づいている。自動小銃として使用中のM249分隊支援火器が交戦中に作動不良を起こし、射手が緊急対応する様子を何回となく目撃した。

　まず原因を特定するために給弾トレイのカバーを開ける。この際、しばしば弾薬帯がプラスチック製の弾薬帯ボックスの中に滑り落ちてしまう。こうなると作動不良の復旧だけで

兵士はプラスチック製の弾薬帯ボックスより、軽量かつ隠密行動中に音を立てにくい布製のPEOM249ソフト弾薬帯バックを好んだ。（US Army）

なく、弾薬帯ボックスから弾薬帯をふたたび引き出さなくてはならず、射手は二重の窮地に陥る。

　銃本体から弾薬帯ボックスを取り外し、逆さまにして揺すって弾薬帯の端を出すか、新しい弾薬帯ボックスに取り換える必要がある。

　いずれにしても射撃不可状態が続き、敵との交戦はもとより、自衛もできず、前進する火力班への支援射撃もできない。

　このような状況に備えて、アメリカ海兵隊の機関銃手はピストルで武装しているが、分隊支援火器の射手にも自衛用に９mm口径のM９ピストルを支給するべきである。（アメリカ海兵隊公式ジャーナル『海兵隊ガゼット』）

グランディの指摘は重大だ。改良型のミニミMk３分隊支援火

日本も「5.56mm機関銃ミニミ」を採用している国の1つだ。写真は100発の弾薬帯を装弾している陸上自衛隊の隊員。(USMC)

器から弾薬帯保持機能が追加され、この問題が解決された。

　非営利の防衛コンサルタント「海軍分析センター」が2006年12月に発行した報告書が、この件を評価するうえで役に立つ。『兵士から見た戦場の小火器』と題するレポートは、アメリカ陸軍の主要小火器であるM9ピストル、M4とM16（A2とA4）ライフル、M249分隊支援火器の性能を質と量の両面から分析している。

　イラクとアフガニスタン戦争でこれらの兵器を実際に使用した2600人の兵士が調査対象とされ、そのうちの341人がM249分隊支援火器の射手だった。このレポートはグランディの記事から5年後に発表された。この間にM249分隊支援火器に対して行なわれた正式および応急改良の結果がわかって興味深い（まだMk3の改善レベルには至っていないが）。

　この分析によって得られた結論にはすでによく知られたものもある。たとえばインタビューに応じた兵の30パーセントが、細かい部品の組み立てや分解の難しさからM249分隊支援火器の保守作業に不満を抱いている点だ。

　別の見方をすれば7割の兵士が満足しているとも言える。しかし、M9ピストルとM4カービンの満足度がそれぞれ81パーセントと87パーセントであることも考慮しないと公正な評価にならない。

　さらに深刻な問題は、射手の35パーセントがM249分隊支援火器の耐腐食性を不十分としている点だ。

　給弾性能については、72パーセントの射手が一応満足としている。弾薬帯ケースについてはさまざまな意見があり、40パーセントの射手が布製100発容量パック、21パーセントは布製200

アフガニスタン・アサダバッド市近郊のエッガース基地での部隊潜入・離脱演習中、空輸降着地点でM249分隊支援火器により警戒中のアメリカ海兵隊員。（USMC）

発容量パック、同じく21パーセントはプラスチック製200発容量ボックスを選ぶとした。残りの18パーセントはどれでも構わないと回答している。

布製のソフトパックが好んで使われるようだが、装弾数の少ないものを選んだ射手が多いのはなぜか？　その答えは、この調査がまとめたもう1つの統計に見ることができる。

40パーセントの射手がM249分隊支援火器の操作性に不満があると回答したことを受け、この数字のより深い調査が行なわれた。

不満と答えた射手のうち、46パーセントがM249分隊支援火器の重量、29パーセントがサイズ、12パーセントがハンドガードの形状、8パーセントが射撃中の過熱しやすさをそれぞれ不満の理由に挙げている。

この回答から、M249分隊支援火器の重量に四苦八苦している射手が一定数いるのは明らかだ。これが最も軽い布製100発容量パックが好まれる理由だと考えられる。

M249分隊支援火器の緊急対処法

戦闘中に起きる銃器の故障は兵士が直面する最も深刻な事態だ。この間、射手は身を守る術がない。数秒でクリアできればいいが、武器係の修理が必要な場合もある。

残念ながら、同調査の対象となった4種類の兵器の中でM249分隊支援火器が最悪という結果が出ている。M249の射手341人中、30パーセントが交戦中の作動不良を経験したと報告した。

比較のために引用すると、交戦中の作動不良はM9ピストルが26パーセント、M16ライフルとM4カービンが19パーセント

だった。

　交戦継続に支障が出たかどうかの観点から故障の深刻度を聞いたところ、少なくとも59パーセントの射手は「重大な影響が出た」とした。これは「作動不良を回復する緊急対処を行なったにもかかわらず」戦闘の大部分あるいは全期間使用不能だったことを意味する。残り41パーセントの兵は緊急対処後に交戦を再開でき、影響は軽微だったと答えた。

　これらの数字が意味するところは重大だ。以下、M249分隊支援火器の作動不良をクリアする緊急対処の手順を述べる。POPP（プル、オブザーブ、プッシュ、プレス）という略語を使うと手順を覚えやすい。

　A）装塡ハンドルを引いてボルトを後方位置にコックする。この際に空薬莢、弾薬帯リンク、実包が排莢口から排出されるかどうか確認する。実包または空薬莢が排出されなかった場合は、二重装塡を防ぐためにボルトをコックしたままにする。
　B）空薬莢、弾薬帯リンクまたは実包が排出されたなら、装塡ハンドルを前方位置に戻し、標的を狙って引き金を引く。撃発しない場合は同対処を繰り返す。空薬莢、弾薬帯リンクまたは実包が排出されない場合も緊急対処を繰り返す。（M249分隊支援火器取扱いマニュアル：2003年）

　緊急対処より一段階上の回復手順はさらに複雑だ。射手は給弾カバーを開け、弾薬帯を取り除いたうえでレシーバー内部を目視検査する。詰まった弾薬など作動の障害になっているもの

があれば取り除き、そうでない場合は、故障の原因となった部分を特定する。

　興味深いことに、海軍分析センターの報告書はM249分隊支援火器の作動不良の主因は銃そのものではなく、弾薬帯にある可能性を示唆している。

　報告書の巻末には、兵士によるM249分隊支援火器の改善のための提言が紹介されている。そのトップは弾薬帯に使われる金属リンクの品質および耐久性向上とドラム式給弾機構の改良、銃本体の軽量化だ。弾薬の梱包をより確実で丈夫なものにすること、ノイズ・レベルの軽減、ショルダーストック（銃床）を調節可能で伸縮式にすること（多くのミニミ軽機関銃の派生型では、すでにこれらの問題が解消された）、加えて致死性能を増大させるための大口径化なども指摘されている。

「M249は一度も故障しなかった」

　同報告書の結論によれば、M249分隊支援火器を実戦で使用した兵士の64パーセントが同銃を信頼しているという（残りの36パーセントは信頼していない訳だが）。同銃より評価が低かったのがM9ピストルで、最も高く評価されたのがM4カービンの83パーセントだった。

　M249分隊支援火器が厳格な性能試験を経て全世界で営業的成功を収めた事実に照らし、これらの数字はどのように解釈すべきだろうか？

　まず考慮しなければならないのは、イラクとアフガニスタンの戦場は、戦車からミサイルに至るまで、多くの兵器システムにとって苛酷極まりない環境だったことだ。

ニュージーランドはミニミ分隊支援火器を採用した75か国の１つだ。写真は東ティモールの首都ディリで任務につくニュージーランド国防軍の兵士。ニュージーランド軍ではC9ミニミと呼ばれている。(NZDF)

　ほかの戦闘地域に比べて、このような環境での故障率は一般的に増加する。次にM249分隊支援火器本体よりも弾薬帯がらみの問題が深刻だったとする指摘がある。

　「イラクで多くの戦闘を体験したが、M249は一度も故障しなかった。しかし、役立たずのプラスチック製弾薬帯ケースはいつも壊れたり脱落したりの連続だった。布製の弾薬帯パックに代えると問題はすぐに解決した」とある兵士が語っている。

　３つ目に、作戦行動中は保守管理が行き届かなくなるという現実がある。発射速度の速い機関銃はもともと小銃より機械的摩耗が激しく、より頻繁に分解しクリーニングする必要があ

る。したがって、この相反する状況が信頼度の低下を招いたものと考えられる。

　イラクとアフガニスタンにおける戦闘経験で明らかになったのは、M249分隊支援火器そのものよりも付属品に重大な欠陥があった事実だろう。プロジェクト・エグゼクティブ・オフィスが2003年に発行した報告書『イラクの自由作戦における戦訓』に見られるジム・スミス中佐の言葉がこれを裏付けている。

　　M249分隊支援火器に対するコメントは総じて肯定的だ。この軽機関銃は分隊に必要な火力を期待どおり提供した。短銃身と前部ピストルグリップは市街戦において極めて有効だった。
　　しかし、ピストルグリップを装着すると二脚（バイポッド）が収納できず、接近戦の際に行動の妨げになった。兵士はバイポッド装着位置の改善を求めた。また、布製の弾薬帯パックはプラスチック製弾薬帯ボックスに比べて格段に使い勝手がよかった。

　ここに述べられた肯定的な見解はM249分隊支援火器の信頼を挽回するものだ。またスミス中佐が、同銃が分隊レベルの制圧火力任務を完全に遂行したと述べていることにも注目したい。M249分隊支援火器の真骨頂はここにあるからだ。

第5章

戦場のミニミ
分隊支援火器

現生産型7.62mmミニミMk3タクティカル・ショートバレル軽機関銃は水中から引き上げてそのまま射撃できる性能も備えている。(Tokoi/Jinbo)

M249分隊支援火器による制圧援護射撃

イギリス陸軍特殊空挺部隊（SAS）の隊員として湾岸戦争に参戦したアンディ・マクナブは次のように回想している。

「イラク軍の兵員装甲輸送車（APC）が停止した」

信じがたいことに、敵は機銃を装備したAPCを火力支援拠点として使っていた。歩兵とともに前進し、我々を制圧しようとはしなかったのだ。こちらにしてみれば願ったりかなったりだ。

全員で射撃開始。弾薬を節約するため数挺のミニミ分隊支援火器は3〜5発のショートバースト（短連射）を繰り返した。敵装甲車に向け発射した66mm軽対戦車ロケットが2発命中。凄まじい爆発の振動が伝わってきた。敵の士気は大きく低下したに違いない。

決断の時だ。接敵のあとにとるべき行動は何か？　現在位置に留まるか、撤退するか、それとも前進か？　答えは明らかだった。

皆、突撃の決心を固めた。敵陣めがけて突進するのは理性に反する行為。正気の人間がすることではない。長いあいだ瞼を閉じて、目を開いた時、すべてがいつもどおりであったらどんなによいか。

「大丈夫か？」

戦友らは身じろぎもしない。彼らはじき何かが起きることを……圧倒的な敵に向かって突撃することを察していた。

反射的にマガジンを交換。残弾がどのぐらいあったかわからない。かなり重かったから、2〜3発しか撃っていなかっ

たかもしれない。あとで使えるよう上着の前ポケットに突っ込む。

　スタンが親指を上げる仕草を見せ、ミニミ分隊支援火器を射撃モードにセット。私は突撃に備え、匍匐前進の体勢から前方を確認。深呼吸のあと、立ち上がって無我夢中で走り、叫ぶ。

「クソッ！クソッ！」

　仲間が凄まじい援護射撃でカバーする。移動中は動きが鈍るので自分では発砲しない。ある程度前進したら伏射姿勢をとり、今度は仲間を援護する。激しい呼吸で胸が上下する。

　敵を視認しようとするが、汗で目が滲む。汗を拭って照準するが肩付けした小銃は大きく上下に動く。射撃訓練でのように理想的な姿勢をとろうにも戦場ではそうはいかない。するべきことが多すぎて何も手につかない。

　荒い呼吸を鎮め、銃の狙いを保持する。再びあふれ出た汗を拭きたいが、引き金から指を離すわけにはいかない。仲間の前進を援護しなければならないからだ。

　素早く立ち上がってまた15メートル全力疾走する。歩兵教本の指示よりずっと長い距離だ。長く立っていればそれだけ標的になる時間も延びるが、素早く移動する人間に命中させるのは難しい。それに皆、アドレナリンの興奮状態にある。

　戦場の兵士は自分だけの小世界にドップリ浸かるものだ。私とクリスが前進するあいだ、スタンとマークがミニミ分隊支援火器で援護射撃する。全員が交互に援護射撃と移動を繰り返し前進する。

　1991年の第1次湾岸戦争におけるイギリス陸軍特殊空挺部隊
（ＳＡＳ）の活躍は、自ら戦闘を体験したアンディ・マクナブ
の著書『ブラボー・ツー・ゼロ』（1993年）に余すところなく描
かれている。本書を読むと、ミニミ軽機関銃を実戦使用した各
国軍隊がこの銃を高く評価する理由がよくわかる。

　マクナブを含め、ここに登場する兵士は敵陣深く展開した特

フォークランド諸島の戦場でL110A2空挺用ミニミを構えるイギリス軍兵士。写真からもわかるように、短連射が望ましいもののミニミ分隊支援火器は膝撃ち姿勢からも射撃可能だ。（英国防省）

　殊部隊員である。したがって、軽量小型かつ強力な火力を発揮するミニミ分隊支援火器は理想的な兵器だった。

　この交戦で、ＳＡＳ隊員らは敵陣に前進する仲間を援護するため5.56mm弾の雨を降らせ、ミニミ分隊支援火器を完璧に運用している。たった１挺のミニミによる制圧援護射撃で、分隊全員が前進できたのだ。

戦場で実証されたミニミ分隊支援火器の真価

第1次湾岸戦争では、アメリカ軍、イギリス軍を含む多国籍軍がミニミ分隊支援火器を使用した。イギリス軍がミニミを採用した経緯は興味深い。イギリス軍でミニミ分隊支援火器を使用したのは、湾岸戦争を通じ特殊部隊だけだった。

通常のイギリス軍歩兵部隊の火力班が使用したのはL86A1またはL86A2としても知られるSA80軽支援火器だった。これはSA80個人火器に若干長めで重い銃身とバイポッド（二脚）を付けただけのもので、満足のいく支援火器ではなかった。

銃身交換機能がなかったので、過熱を防ぐため射手は射撃頻度をかなり抑制しなければならなかった。また、給弾には小銃用の30発マガジンを使用した。したがって長い制圧射撃ができず、軽支援火器としての信頼性も劣悪だった。

1990年代末には、多くのイギリス軍将兵がL86軽支援火器の代わりにミニミ分隊支援火器を制式にすることを強く求めるようになった。イギリス国防省は2001年にアフガニスタン派遣の際、初めて分隊レベルの火力増強のためにミニミ分隊支援火器を600挺緊急調達した。

アフガニスタン派遣で同銃の真価が実証され、2004年に全イギリス軍の新型分隊支援火器として制式採用された。

現在、ミニミ分隊支援火器は数十数か国の軍隊で広く採用され、異なる種類の部隊があらゆる環境下で実戦運用している。

防衛関連のサイトを検索すれば、各国政府へのミニミ販売記録が出てくる。2013年には、ブラジル陸軍が7.62mm×51弾薬を使用するインベル社製M964FAP（肉厚銃身を装備させたFALの発展型の分隊支援火器）の代わりにミニミ分隊支援火器を制

写真のスウェーデン兵が持っているのはスウェーデン版の空挺型ミニミ分隊支援火器のKSP90Bでボフォース・カールグスタフ社が製造した。スウェーデン軍の標準型ミニミはKSP90と呼ばれる。（US Air Force）

式に採用した。

　メキシコ空軍もミニミ分隊支援火器を戦闘ヘリコプターの搭載火器として使用している。

　2016年３月、スワジランド政府が治安部隊用に大量の兵器を購入したと報じられた。この中に歩兵用と車載型のミニミ軽機関銃が含まれている。

　当然のことながら、ミニミ分隊支援火器とその予備部品の調達はアメリカが他国を圧倒している。2008年３月、サウスカロライナ州コロンビア市のＦＮ社は770万ドルの契約（M249分隊支援火器用の短銃身１万7433本）を受注した。

2011年3月29日、アフガニスタンのクナル州バラワラ・カレ峡谷におけるタリバンの攻撃に対し、M249分隊支援火器で応戦するアメリカ陸軍第101空挺師団の将兵。緊迫感が伝わる劇的なシーンである。（US Army）

この数字から、アフガニスタンとイラク戦争でM249分隊支援火器の銃身が急速に消耗し、耐用弾数の上限を超えている事実が浮かび上がる。

　大規模な戦争だけではなく、南米における麻薬カルテル急襲作戦でブラジル軍特殊部隊がミニミ分隊支援火器を使用している。またアフリカ諸国の内戦や中東地域のテロリストや革命組織によってもミニミ分隊支援火器が使われている。

　2008年5月のBBC報道によると、ＦＮハースタル社はリビアのムハンマル・カダフィ大佐と武器提供の大口契約を結んだ。この契約には5.56mm口径のF2000アサルトライフル367挺、5.7mm口径F90PDW(個人防衛火器）367挺、5.7mm口径Five-sevenNピストル367挺、9mm口径ブローニング・ハイパワー「ルネッサンス」ピストル50挺、ミニミ分隊支援火器30挺、17.3mm口径ＦＮ303非致死性ライオット・ガン2000挺、そして100万発以上の弾薬が含まれていた。

　2011年10月、カダフィ独裁政権の崩壊と大佐の死を契機に、ミニミを含むこれらの兵器はテロリストたちの手に渡った。

　ほかにも非国家独立集団がミニミ分隊支援火器を所有するケースがよくある。チュニジアで活動するジハード（聖戦）集団のウクバ・イブン・ナーフィウ大隊のメンバーが、チュニジア国軍から鹵獲したミニミ軽機関銃を構える写真が2014年に公表されている。

　イギリスのメディアによると、2010年9月、イギリス陸軍が所有する59挺のミニミ分隊支援火器が紛失し、行方不明になった。アフガニスタンでアメリカ軍がタリバンとの戦闘で、このうちの2挺を回収したことで紛失先の一部が明らかになった。

K3軽機関銃は韓国の大宇精密工業によるミニミ軽機関銃のコピー品だ。輸出では限定的ながら成功を収めている。(Tokoi/Jinbo)

韓国製K3軽機関銃

　ミニミ分隊支援火器の採用に関し、フィリピン政府の対応も興味深い。フィリピンは2007年の軍近代化計画でＦＮ社のミニミ軽機関銃を新たな分隊支援火器に選定した。ところが、政府内で1988年に生産が開始されていた韓国の大宇精密工業製Ｋ３軽機関銃（口径5.56mm）を推す声が強かったため、この決定をめぐり論争が起こった。

　Ｋ３軽機関銃を一見すれば、ミニミ分隊支援火器の基本的な設計をほぼ踏襲したものであることがわかる。ミニミと激しく競合するシンガポール製ウルティマックス100などアジア近隣諸国の製品を差し置いて、フィリピン政府がヨーロッパ・ベルギーのＦＮ社製火器を選定したことで「西欧火器メーカーに肩入れしている」と批判された。

　結局、ミニミ軽機関銃の調達計画は覆され、数千挺（2000挺から6450挺の間といわれている）のＫ３軽機関銃が発注され、2008年からフィリピン軍に配備されている。

アフガンに展開するイギリス海兵隊第42コマンド部隊
(2011年)

　仲間が敵の陣取る建物に側面から接近するあいだ、L110A2ミニミ分隊支援火器で制圧射撃を行なうイギリス海兵隊第42コマンド部隊隊員。

　軽量昼光光学照準器（LDS）を用いて射撃している。スコープ内の視野画像が円内に示してある。LDSはエルキャン社製スペクターOS4の軍用仕様（ミリタリースペック）モデルで、トリジコン社のACOG4×32とともにSA80ライフルやミニミ用SUSAT照準器の代わる新世代光学照準器としてイギリス軍に採用された。

　このコマンド隊員は、LDS上部に接近戦用のレッドドット・サイトを装着している。イラストの射撃姿勢にも注目してほしい。ミニミ分隊支援火器は肩撃ちするには重いが不可能ではない。バイポッド（二脚）を使えば遠距離の交戦でかなり正確に射撃ができる。

　有効射程内ならミニミ分隊支援火器は制圧射撃任務を難なくこなせる。しかし、イラスト後方の高台から攻撃を受けたような場合には、仰角射撃となり射程が足りなくなる恐れがある。アフガニスタンでは実際に射程が不足する状況が頻発した。この経験から、ヨーロッパやアメリカでミニミ分隊支援火器の遠距離支援能力に関して白熱した議論が交わされた。

フィリピン軍が採用したＫ３軽機関銃は反政府グループとの
戦闘で使用されている。2015年６月、サンフェルナンドとブキ
ドノンで起きた政府軍と共産ゲリラとの激しい銃撃戦で３人が
死亡した。この戦闘でゲリラ側はＫ３軽機関銃１挺、M14小銃
５挺、M16アサルトライフル３挺、M203榴弾発射筒１挺を鹵獲
した。

　Ｋ３軽機関銃はフィリピンのほか、言うまでもなく韓国、そ
してコロンビア、フィジー、グアテマラ、インドネシアでも使
用されている。

M249分隊支援火器の存在意義

　ミニミ分隊支援火器を採用している国は多数あるが、実戦で
の使用経験でアメリカの右に出る国はない。M249分隊支援火器
にとって最大の「戦闘実験場」となったのはアフガニスタンと
イラクだった。

　これらの戦場で発生したM249の技術的な問題はすでに紹介し
た。ここでは体験談を通じ、同銃の戦術レベルにおける活躍を
紹介する。

　アフガニスタンとイラク両戦争後の作戦レポートを読むと、
近接戦闘でM249分隊支援火器が火力の中核的な役割を占めてい
たことがよくわかる。同銃の作動不良がことさら注目された理
由がここにある。

　以下は、2005年にイラクのバスラで発生したアメリカ兵に対
する攻撃に関する事後報告書だ。敵の攻撃に対しM249分隊支援
火器の射手が迅速に対応していることがわかる。

21時28分、アメリカ兵3人を迎えにバスラに向かっていた
パトロール車列が主要補給路タンパの指揮所36B付近の地点
表示符合38R QU4201 6609で敵の攻撃を受けた。

　車列が主要補給路タンパから未舗装の連絡道路に入ろうと
したところで、北東に150メートルほど離れた陸橋の下から
3人のあやしい人物がやって来るのを確認した。先頭車両の
射手がターレットを回転させながら容疑者を追尾していたと
ころ、先頭車両と2両目のあいだで爆発が起きた。爆発寸
前、2両目の乗員が一条の煙らしいものを目撃した。

　次いで先頭車両の射手は、容疑者たちが土手をのぼり武器
を向けるのを目撃し、M249分隊支援火器で応戦。待ち伏せ
地点を制圧無力化するまで短連射を継続した。この戦闘で消
費された弾薬は約200発。2両目のM249の射手は約20発撃っ
ている。

　戦闘後ただちに離脱したため戦闘成果は不明。待ち伏せ地
点から1キロメートルほど離れたあと、負傷者および車両の
損傷がないことを確認し任務を継続した。

　この襲撃事件はシェリフネット上で報告された。パトロー
ル車両はレベルⅡ追加装甲を装備したM1026武装型ハンビー
だった。

この報告から、M249分隊支援火器が差し迫った脅威に迅速に
対処できることがわかる。これこそ同銃の存在意義なのだ。最
小単位部隊である4人編成の火力班ですら、M249分隊支援火器
を装備すれば強大な火力を発揮できるということを示してい
る。

注目すべきは、先頭車両の射手が200発入り弾薬帯ボックスで給弾する車載型M249分隊支援火器を使い、待ち伏せ地点を「無力化する」激しい弾幕射撃を行なっている点だ。報告書では、おそらく殺傷されただろう容疑者たちの末路には触れられていないが、M249分隊支援火器の反撃が圧倒的だったことは疑いない。

銃撃戦の勝利に不可欠な軽機関銃

　類似したM249分隊支援火器の使用例は、バグダッド南東のサルマンパック地域において民間のトラック車列が大規模な武装集団に襲撃された事件の報告書にも出てくる。

　報告書はケンタッキーの陸軍州兵部隊第617憲兵大隊レイブン42分遣隊が応戦した状況を以下のように詳しく記述している。

　　憲兵部隊はキルゾーン（訳注：待ち伏せの際、直接照準火器の有効射程内にある地域）を横切り、代替補給路から直角に伸びる連絡道路に入った。隣接する土地には多数の敵兵が配置についている。憲兵９人と衛生兵１人を乗せた３両のハンビーは１列になって停止し、12.7mm重機関銃とM249分隊支援火器による一斉射撃で敵を側面から攻撃した。

　　正面にはドアとトランクをすべて開け放った７台のセダンが一列駐車し、その左には二階建ての一軒家がある。

　　まもなく真ん中のハンビーに敵のＲＰＧ（対戦車ロケット弾）が命中、射手は意識を失ってターレットから車内に転げ落ちた。分隊長を兼ねる車長がただちに応急処置を行なった。

最後尾のハンビーの射手がターレットから応戦するなか、ドライバーと副班長兼車長が下車し銃撃戦に加わったが、敵の激しい機銃掃射で３人とも負傷。この様子をバックミラーで見ていた中央車両のドライバーはただちに下車。後尾車両までダッシュしてターレットに入り、分隊支援火器を撃ち始めた。

　３両目に乗車していた分隊付き衛生兵も下車し、駆けつけた先頭車両のドライバーとともに負傷した憲兵３人の応急処置を始めた。ドライバーも戦闘人命救助訓練を受けていたのだ。２両目の射手は分隊長の応急処置で意識を取り戻すと、ターレットに戻って12.7mm重機関銃の射撃を再開した。

　分隊長の２等軍曹はＭ４カービンと手榴弾２個を持って下車。無線で接敵連絡を終えた先頭車両の班長とともに、いちばん近い水路まで約20メートル全力疾走した。この女性班長はＭ203グレネードランチャー（40mm榴弾発射筒）付きＭ４カービンで武装していた。２等軍曹と３等軍曹はただちに水路に潜む敵兵の掃討を開始した。

　敵は水路際の木立の陰に潜んでいたが、12.7mm重機関銃とＭ249分隊支援火器の側面攻撃により10人が射殺された。

　この報告から、Ｍ249分隊支援火器がＭ４カービンやＭ203グレネードランチャー、12.7mmM2HB重機関銃とともに使用され、水路に潜む敵兵に壊滅的な打撃を与えていたことがわかる。報告書はさらに述べる。

　７人の憲兵（３人の負傷者を含む）は重武装の敵に対し、

戦死者24人と負傷者６人（うち２人はのちに死亡）の損害を与え、負傷を装って戦場離脱を試みた１人を捕虜にした。また、AK-47アサルトライフル22挺、RPGロケット弾発射器６挺とロケット弾16発、RPK機関銃13挺、PKM機関銃３挺、手榴弾40発、装填されたAK用30連発マガジン123個、機関銃用弾薬帯10本（2500発）などを鹵獲した。

機関銃16挺を含む武装集団の武装を考慮すると、M249分隊支援火器の火力がこの銃撃戦の勝利に不可欠だったことは明らかだ。

〈次ページのイラスト解説〉

イラクにおけるアメリカ海兵隊（2003年）

　アメリカ海兵隊の火力チーム隊員がバグダッド中心部での市街戦中、M249分隊支援火器の銃身交換を行なっている。銃撃戦の激しさを物語る空薬莢と弾薬帯リンクが周囲に散乱している。

　射手は携行ハンドルを持ち、ガス調節器と一体になった銃身を下部レシーバーから外して新しい銃身ユニットと取り換え、左の副射手は給弾準備を整えるための200発容量弾薬帯ボックスを手にしている。

　銃身交換は訓練された射手なら数秒で完了できる。この銃身交換機能こそ、連射中に銃身過熱を起こしやすい固定式銃身の軽機関銃とM249分隊支援火器との決定的な違いである。

　２分ごとに銃身を交換すると、M249分隊支援火器は毎分あたり200発の高い連続射撃を維持できる。

過熱した銃身を交換して射撃再開

　M249分隊支援火器はイラクと同様、アフガニスタンでも大きな戦果を上げている。以下は、2008年7月13日、アフガニスタンのワーイガル峡谷で発生したワナトの戦闘の報告書からの抜粋だ。

　アメリカ陸軍第503空挺連隊第2大隊C中隊は、2008年7月13日に大規模なタリバンの攻撃を受け、至近距離で応戦、戦死者9人を出した。報告書はM249分隊支援火器の活躍と同時に、作動不良の問題も提示している。

　　戦闘が始まると、付近で建設機械を操作していた工兵2人が迫撃砲陣地の応援に加わった。アメリカ軍側は手元にある武器は何でも使い反撃した。

　　近くの木立に潜むタリバンに個人武器で激しい連射を加え、遠くの敵に対しては40mm榴弾を発射した。迫撃砲チームは機関銃を装備しておらず、敵を制圧し銃撃戦を生き延びるための頼りはM4カービンだけだった。

　　迫撃砲班長のフィリップスは使えるM4カービンを手あたり次第撃ち続けたが、やがて3挺目も過熱で使用不能となった。

　　班長は近くにあった工兵隊のM249分隊支援火器を手に取ったものの、何らかの原因で発砲できなかった。そこで銃身を交換したところ射撃を再開できた。弾薬を撃ち尽くしてからは、AT-4ロケット弾発射器で敵の潜む建物を攻撃した。この間、部下は手榴弾で班長を援護した。

　　迫撃砲陣地での銃撃戦からわかるように、M249分隊支援

陸上自衛隊の「5.56mm機関銃ミニミ」は伸縮式のストックと携行用スリングを装備している。このスリングはわきの下に銃を挟む腰だめ姿勢からの射撃にも使える。(taiyaki31)

火器やＭ４カービンは連続射撃で銃身が過熱すると作動不良を起こし射撃不能になる。

　部隊には大型火器がなかったので、敵に制圧される危険を

陸上自衛隊の偵察部隊・斥候班の小型トラックに搭載された「5.56mm機関銃ミニミ」。機関銃搭載車は後部荷台にロールバーを装備しており、この上に専用の銃架が設けられている。

避けるためにＭ４カービンなど手持ちの小火器で弾幕を張り続けるしかなかった。

　後日、若い小隊メンバーはこう不平を漏らしている。

　「M249分隊支援火器に潤滑油を１本丸ごとかけて撃ちまくったが、作動不良を起こした」

　だが前述したように、故障した分隊支援火器の銃身を交換することで射撃を再開できた事例もある。また、モスク周辺で起きた別の戦闘では、空挺隊員が800〜1000発もの連続射撃を行なったことが報告されている。

　同報告書からは、武器が作動不良を起こしたときの兵士のパ

2013年にコロンビア警察が犯罪組織から没収した火器の数々。ミニミ軽機関銃とM60汎用機関銃のガス調節器付きの銃身らしい部品が展示されている。（Los Colombianos）

ニック状態が読み取れる。敵の攻撃を阻止するためM249分隊支援火器を能力限界まで酷使し、800～1000発もの弾幕を張っている事実が報告されている。統計的に見て、これでは作動不良や故障を起こすのも当然だ。

　同時に、アメリカ軍が大型火器を装備した敵兵と対等、あるいはそれ以上の火力を発揮できたのは、明らかにM249分隊支援火器のお陰である。この軽機関銃は分隊レベルの火力を増強させる最も有効な兵器なのだ。

第6章
5.56mm弾
をめぐる論争

高温で乾燥した中東の環境下のみならず、ミニミ分隊支援火器は北極圏でも試された。ノルウェーにおける実弾演習で、L110A1分隊支援火器（ミニミ）の射撃態勢をとるイギリス海兵隊コマンド。（POA/MoD）

M27歩兵自動小銃を選んだアメリカ海兵隊

　M249分隊支援火器は各国軍隊で採用され、昨今の主要な戦争で使われてきた。この実績から、20世紀後半から21世紀初頭にかけての、最もインパクトある小火器の1つと言えるだろう。

　ことにイラク、アフガニスタン両戦争では歩兵分隊が持つ火力の中核として、敵の人員消耗と制圧でその真価を発揮してきた。

　しかし最近、本銃の有効性について疑問の声が上がっている。M249分隊支援火器を新型のM27歩兵自動小銃に換装したアメリカ海兵隊がその一例である。

　なぜ海兵隊はM27歩兵自動小銃を選んだのか？　この疑問に加え、海兵隊以外でも散見される「火力に関する新しい流れ」を考察することで、M249分隊支援火器の有効性および将来性について、バランスのとれた判断ができるだろう。

遠距離戦では明らかに不利な5.56mm×45弾薬

　M249分隊支援火器の有効性に関する議論は事実に即して行なうべきだ。まずここでは弾薬に関する問題、ことに7.62mm×51弾と比較しながら、5.56mm×45弾薬の長所についてあらためて考察する。

　弾薬の優劣は5.56mm口径のM249分隊支援火器であれ、そのほかの銃であれ相対的なものだが、本銃の実戦における有効性を判断するうえでは重要だ。

　1960年代に5.56mm弾薬が登場するや、支持派と反対派がそれぞれの正当性を主張した。前者は5.56mm弾の長所として、①兵士1人あたりの携行弾薬量が増えること、②高い初速によって

得られる実用戦闘射程内での低伸弾道性（訳注：弾道が直線に近いこと）、③軟鋼板に対する7.62mm弾を上回る貫通能力（600メートルまで）、④反動が軽微なことによる命中精度の向上などを挙げた。

　一方、7.62mm弾の支持者は以下の事実を指摘した。①より大きな重量の弾丸は遠距離でも障害物のある状況でも、5.56mm弾より優れた貫通力を持つこと、②5.56mm弾では届かない遠方の敵とも交戦できること、③兵士がより正確な射撃を心がけるようになること、④ターゲットに命中した際の銃創は重篤で、5.56mm弾より確実に敵を「仕留め」られること。

　この議論は奥深く、本書の限られた紙幅では公正な結論は下せない。しかしながら、2001年アフガン戦争の報告書に記された事実が再浮上していることを考慮すれば、以下の事項に触れておくべきであろう。

　アフガニスタン内陸部の戦場では500メートルを超える交戦距離が当たり前だった。この射程になると5.56mm弾では敵に届かず、また殺傷力も足りなかった。タリバン兵が使う7.62mm×39弾仕様のAKアサルトライフルの方が有効射程で優っており、銃身がM16アサルトライフルより短く射程がさらに短縮されるM4カービンを使用したアメリカ軍将兵らの不満は辛辣だった。

　防弾チョッキやレンガ造りの建造物に対する5.56mm弾の貫通力不足、数発命中しても敵が生き延びた事例などもクレームに含まれていた。

5.56mm弾薬の殺傷力不足

　2009年に発表された『アフガニスタンにおける小火器の殺傷力強化：歩兵の500メートル射撃能力回復』と題する研究報告はこの点を明白にしている。この報告書では主にＭ４カービンが取り上げられているが、Ｍ249分隊支援火器についても暗に批判

空挺モデルM249分隊支援火器で武装したアメリカ兵とアフガニスタン国家警察隊員。M249分隊支援火器の前部レールにはAN/PEQ-2赤外線ターゲットポインター/イルミネーター/照準レーザーが装備されている。（US Army）

されている。

　筆者のトーマス・P・エールハート少佐の論旨は、アフガニスタンにおける交戦は通常300メートル以上で起きており、この距離を超えると5.56mm弾の威力は急激に減少するというものだった。

　第1次世界大戦参戦当初、アメリカ軍は少数精鋭のプロ集団で、兵士らは高い射撃技量を叩き込まれていた。しかし、志願兵や徴集兵を特級射手に育てる訓練には多大な時間を要した。

　このため第1次世界大戦後半からベトナム戦争終結まで、

徴集兵からなる歩兵は射撃技量ではなく制圧射撃に主眼を置くようになり、訓練もこの方針を反映して行なわれた。

　しかし、アフガニスタンの遠距離交戦では、軽量で殺傷力が不足した5.56mm弾薬による制圧射撃は役に立たなかった。

　M855弾薬（訳注：5.56mm×45NATO弾のアメリカ軍制式呼称）の非力さは、実弾射撃時に起きた数件の事故に見て取ることができる。なかでも突出していたのは、1991年、デビッド・H・ペトレイアス中佐（訳注：のちの陸軍大将、CIA長官）がM249分隊支援火器から発射されたM855弾薬を胸に受けた事例だ。彼は数日後に退院したが、もし同弾薬が額面どおりの効果を発揮していたら死亡していただろう。

　筆者自身、兵が夜間実弾演習で75メートルの距離から肩に命中弾を受けた事故を目撃したが、この負傷兵は20分後にはタバコを吸いながら歩き回っていた。

　また、筆者が所属した大隊のある兵は2003年のイラク進攻の際、狭い室内でM249分隊支援火器を暴発させた。取り扱いに関する教育不足のせいで、薬室から弾薬を抜かずに簡易分解を始めたからだ。暴発の結果、フルオートで100発ほど発射された。３メートル以内にいた４人の兵士が手足に被弾したが、幸いにして命に別状はなかった。

　一般的に、歩兵分隊に必要な兵器は接近戦闘から500メートルまでの距離で相手の戦闘能力を完全に奪えるものだ。しかし、軍用・民間用を問わず、今日の5.56mm系の弾薬にこのような威力はない。殺傷能力不足を解消する研究開発はいまも進行中だ。

部隊の火力構成─兵器を組み合わせて短所を補う

　銃創研究所（訳注：命中した弾丸が人体に与える生理学的、医学的影響を研究する機関）を創設して所長を務め、同分野の世界的権威として知られるマーチン・L・ファクラー博士の研究を引用しつつ、エールハートの研究報告は終末弾道学理論についてある程度詳しく説明している。しかし、命中した5.56mm弾が人体に与える損傷など、エールハートの分析には同意しかねる点がいくつかある。

　たとえば、極めて重要な課題である「命中部位」に言及していない。弾丸の種類によってより重篤な銃創が生じるのは事実だが、弾丸の大きさから致死性能を導き出す単純な方程式は存在しない。

　例を挙げれば、強力な7.62mmライフル弾を前腕に被弾した場合の方が、非力な.22口径リムファイア弾をこめかみに被弾した場合より生存率がはるかに高い。迅速な応急手当が受けられるなら、口径にかかわらず、被弾した者の大半は生存できる。

　1発の銃弾で人間が即死するか行動不能に陥るというのは、ハリウッド映画が作り上げた虚構の1つにすぎない。

　外傷外科医なら誰でも知っているように、致命傷になるのは主としてショック死につながる大量失血や中枢神経系の破損だ。通常は前者が多く、死亡までに数分間から数時間かかる。

　これらの事実を考慮すると、生理学的に言って分隊支援火器の5.56mm口径弾丸を被弾した兵士らが生き延びたのは当然であり、5.56mm弾薬やミニミ分隊支援火器の批判材料にならない。

　前述した簡易分解中の暴発による銃創が「致命的」でなかったのは、命中部位が四肢だったからであり、また、暴発の結果

だったことも大きい。

　射手が殺傷目的で狙いを定め、連射を繰り返していたなら、結果は大きく変わっていたことだろう。

　もちろん、射程や貫通能力などに口径による差がないと言っているわけではない。600メートルを超える距離での交戦で銃身の短いM4カービンが最良の武器ではないことも確かだ。

　部隊の火力構成のカギは、異なる機能と性能を有する兵器を組み合わせることにある。各兵器の限界を考慮し、組み合わせで互いの短所を補うのだ。

　たとえば強力な7.62mm小銃は開けた土地で遠方の敵と交戦する際に最適だが、市街地での接近戦となると、軽量で即応性の高いM4カービンの方が優れている（海軍分析センターの報告書『兵士から見た戦場の小火器』で示されたM4への信頼を確認されたい）。

5.56mm弾薬批判への反論

　近年、5.56mm弾批判に反論する専門家が増えている。

　2012年1月6日付けの『スモールアームズ・ディフェンス・ジャーナル』の寄稿者は「5.56mm弾を根本的問題と断ずる公式報告は存在しない」と主張している。以下、記事を要約する。

　7.62mm弾が5.56mm弾より優れているという主張をよく見かけるが、実際には逆のことが多い。5.56mm弾の利点は次の通りである。

• 無防備な敵に対しては7.62mmと同等の殺傷力を有する。
• 質量は7.62mm弾の半分（12〜24グラム）。

陸上自衛隊の兵士が肩撃ち姿勢で「5.56mm機関銃ミニミ」を短連射している。空砲の弾薬帯をピストルグリップに沿ってカーブさせて給弾を円滑にしている。(防衛省陸上自衛隊)

- 容積は7.62mm弾の半分。
- 反動、銃声、銃口閃光が7.62mm弾より軽減されており、より早く2発目を発射できる。
- 薄い鉄板に対しては7.62mm弾を上回る貫通力を有する。
- 700メートルまでは7.62mm弾より弾道が低伸し、到達時間が短い。
- 7.62mm口径の小火器よりも軽量化できる。
- 7.62mm口径の小火器より命中率が高い。

　最後の命中率に関する項は、兵士が反動と銃声にわずらわされることなく、射撃姿勢、銃操作、照準、トリガー制御に集中できることを指している。制式小銃を7.62mm口径から5.56mm口径に変更した国々が同様の事実を指摘している。

5.56mm弾の利点を活かしたM249分隊支援火器

　5.56mm弾が上記の利点を備えているなら、M249分隊支援火器が残したインパクトは、同弾薬を使用したからだという主張にもつながる。

　歩兵火力チームや乗車部隊の制圧火力を増強し、同時に歩兵が1人で楽に携行できるようにこの分隊支援火器は軽量小型に設計された。

　取り付けシステムや数々の照準装置オプションが用意されて

US M249A1 5.56mmニューモデル
ミニミ。現在アメリカ軍で最も広く
使用されているものだ。砂漠戦専用
のアースブラウンに塗装されている
が、アメリカ軍の本銃すべてがこの
塗装ではなく、出動する地域にあわ
せて塗装される。(Tokoi/Jinbo)

いるM249分隊支援火器は、1000メートルまでの距離で交戦が可
能だ。

　敵陣の壊滅やこれ以遠の敵に対しては、より強力なMAG汎
用機関銃や12.7mmブローニングM2HB重機関銃などの支援を要
請することになる。

　繰り返しになるが、5.56mm弾薬を射撃するM249分隊支援火
器は歩兵1人で扱うことができ、また、その高い連射速度は近
距離での制圧射撃に有効だ。

　次章ではアメリカ海兵隊における5.56mm弾とM249分隊支援
火器をめぐる議論の具体例を紹介しよう。

第7章

ミニミの時代は
これからも続く

現生産型7.62mmミニミMk3タクティカル軽機
関銃の射撃。銃の真後ろではなく、やや左に
体をひねった射撃姿勢に注目。(Tokoi/Jinbo)

M249分隊支援火器からM27歩兵自動小銃へ

　2010年、アメリカ海兵隊は第一線部隊に新型兵器の配備を開始した。5.56mm口径のM27歩兵自動小銃（ＩＡＲ）である。

　M27ＩＡＲの登場によって、M249分隊支援火器に対する海兵隊の公式見解が大きく変化した。M27ＩＡＲは分隊配備のM249分隊支援火器に取って代わるだけでなく、第一線部隊への火力供給構想を抜本的に変えたのだ。

　同時にそれは、M249分隊支援火器の過去のインパクトを弱めるとともに、現在および未来における分隊支援火器の存在を疑問視することにもつながる。

　これまでに見てきたとおり、マスコミのアフガニスタンやイラク戦争でのM249分隊支援火器をめぐる報道は否定的だった。

　この時期に、海兵隊はＩＡＲの開発研究に取りかかっていた。ＩＡＲは現用制式小銃と同様の軽便さと人間工学的特性を備え、しかも、より正確で強力な火力を有する小火器というのが基本条件だった。

　これは第2次世界大戦や朝鮮戦争で使用されたブローニング・オートマチック・ライフル（ＢＡＲ）軽機関銃に近い構想だが、重要なのはＩＡＲがM249分隊支援火器に代わる武器になるという点だった。

　2005年7月、ＩＡＲプロジェクトは正式に発足し、5年に及ぶ実証試験の末、ヘッケラー＆コッホ社のHK416が最終候補に残った。この改良型がM27ＩＡＲだ。

　M27ＩＡＲはガス圧作動式、ショートストローク・ピストンなどの特徴を備えた5.56mmNATO弾口径のオートマチック・ライフルで、M249分隊支援火器とはかなり異なる小火器だ。

M27 IARの銃身はハンドガードに接触しない「フリー・フローティング・バレル」で精密射撃に適している。

　SU-258/PVQスクワッド・デイ・オプティック（分隊支援火器用昼間照準器はトリジコン社製ACOGシリーズの１つ）などの光学照準器を装備した場合、1000メートルを超える距離でも極めて精密な射撃が可能だ。

　連射速度は700～850発/分だが、特筆すべきは、給弾にSTANAG着脱式マガジン（訳注：NATO加盟国で共通化されたマガジン）を使用する点だ。

　弾薬帯でなくマガジン方式を採用したことと、銃身交換機能がない設計を考慮すると、実用上の発射速度は35発/分というところだろう。

　M27 IARの特性がM249分隊支援火器とまったく異なることと、同銃が前線部隊で多くのM249分隊支援火器に取って代わりつつある事実は、用兵思想の重大転換を示すものだ。

　簡単に言えば、アメリカ海兵隊はIARの制圧火力に関し、発射弾数よりも精密射撃を重視したのである。

批判されるM249分隊支援火器

　2001年、レイ・グランディは部内公報に寄稿した長文の記事『オートマチック・ライフルとしてのM249軽機関銃』で同銃を批判しているが、その内容は海兵隊の用兵転換を支持するものだ。グランディは詳細かつ周到な理論を展開し、M249分隊支援火器の欠陥を以下のように指摘した。

● 戦場における信頼性不足。

現生産型5.56mmミニミMk3タクティカル・ショートバレル軽機関銃は、一般歩兵が携行するライフルより重量があるものの、その全長は短いくらいだ。しかしライフルに優る連続射撃の火力は分隊のバックアップになくてはならない。(Tokoi/Jinbo)

• M249分隊支援火器とM16アサルトライフルの弾薬互換性の欠如（監訳者注：M249分隊支援火器の弾薬はリンクに連結された状態で前線に供給され、他方M16アサルトライフルの弾薬はマガジンに装填しやすいようクリップでまとめられたバラ弾で前線に供給されるということ）

• 不必要な弾薬消費（3～5発の短連射を繰り返し、発射速度85発/分で射撃しつつ移動できる海兵隊員がいれば、狙いも定めず発砲し貴重な弾薬を浪費する海兵隊員もいる）

• 銃身交換機能は戦場では実用的でないうえ、銃身交換後は再照準矯正を行なわないと射撃精度に悪影響を与える。

• 海兵隊戦闘訓練センターでの試験では、同一ターゲットに対しコルト社のARライフルを装備した兵の方が、M249分

　隊支援火器の射手より一貫して高い命中率を示している。
　●M249分隊支援火器を使いこなすには高度のトレーニングが
必要で、訓練を受けていないライフル歩兵には操作できな
い。

　グランディの記事が2001年に発表されていること考えると、
M249批判の論拠としてIARに言及することは十分可能だった
はずだが、グランディはIARには触れていない。さらにM
249Mk3分隊支援火器に加えられた重要な改良点についても論
じていない。グランディは一般的な結論として以下のように語
っている。

M249分隊支援火器システムを継続使用する理由が見当たらない。汎用軽機関銃としての価値はあるものの、次の点で分隊用オートマチック・ライフルとしてはマイナス要因だ。まず銃自体が重すぎるうえ火力班のアサルトライフルと弾薬の互換性がない

　着脱式マガジンを使うと給弾不良が起き、銃本体がマウントにしっかり固定されている場合を除き精密射撃に適さない。また、接敵行動中はコンディション３（弾薬が給弾トレイに載り、ボルトは空の薬室まで前進させ、安全装置は解除した状態）で携行する。

　薬室を空にしておくのは、M249分隊支援火器の安全性に疑問の余地があるからだ。さらに同銃は操作に熟達するのが難しい。以上の点を総合すると、小銃分隊のアサルトライフルと同一の特徴と弾薬の互換性をもつオートマチック・ライフルの優位は明らかだ。（アメリカ海兵隊公式ジャーナル『海兵隊ガゼット』）

　最後の文章を念頭に置くと、海兵隊が採用したM27歩兵自動小銃（ＩＡＲ）こそこれらの優位性を具現化した兵器にほかならない。

精密射撃も可能なM27の優位性

　当然、この決定は賛成派と反対派のあいだで激しい論議を呼んだ。しかし、海兵隊内部ではＩＡＲへの移行は概して肯定的に受けとめられた。

　これはアフガニスタン戦争でM27歩兵自動小銃を使用した兵

分隊攻撃演習において、5.56mm口径M27歩兵自動小銃（ＩＡＲ）で援護射撃するアメリカ海兵隊員。海兵隊に配備された多くのＭ249分隊支援火器はM27と交代することになっている。（USMC）

士らによる初期の反響が好意的だったからだ。

　一例として、2012年９月10日付けの『スモールアームズ・ディフェンス・ジャーナル』には以下の記事が掲載されている。

　　アメリカ陸軍がＦＮ社のミニミ分隊支援火器をM249として制式化したのは1984年。それ以後、この斬新な分隊支援火器が海兵隊歩兵火力班に配備されるまで、海兵隊内部で賛否両論が激しく戦わされてきた。賛否の理由は多岐にわたるが、主な争点は以下の２つだ。

　・賛成派：ベルト給弾式のM249分隊支援火器の携行性の良さと、攻撃・防御作戦で発揮する圧倒的火力は高く評価できる。

●反対派：戦闘装備時の重量が9キログラム強もあるM249分隊支援火器は迅速に移動できず、また頻繁に起こる作動不良が火力面での長所を相殺している。

　反対派はM249分隊支援火器より軽量でシンプルな「歩兵自動小銃」（IAR）の優位性を長らく支持してきた。より精密な射撃性能と全自動および持続射撃能力によって、M249分隊支援火器と同等の戦闘能力が得られると主張したのだ。

　海兵隊がベルギー製のベルト給弾式M249分隊支援火器を採用してから四半世紀以上が経った。そして、第7海兵連隊第2大隊がIARの試験を行なってから10年後、この議論は反対派が勝利した。

　「さまざまな戦域での試験と兵器専門家との徹底的な協議の結果、海兵隊総司令官はM27 IARの配備を認可した。IARが装備されることで、歩兵の火力優勢が大幅に増強される。IARは人間工学に即して設計された兵器で、精密射撃も可能だ。また戦闘装備の負担が軽減するので、攻撃時の敏速な移動もできるようになる。（海兵隊記者会見声明 2011年6月）

　海兵隊公式ブログに『M249は海兵隊における絶滅危惧種』（2012年）と題する記事が掲載された。タイトルが示すとおり、内容はIAR配備を全面的に受け入れるものだった。同記事はIARの構造上のシンプルさとM16アサルトライフルとの共通点に焦点を当てている。

第7海兵連隊第2大隊所属のIAR射手テイラー・シャウリス上等兵は語る。

　「IARはM249分隊支援火器より可動部分が少なく、歩兵にとってはずっと使い勝手がいい。ガス圧作動直接ピストン方式なので発射後のカーボン付着が軽微で、内部メカニズムが汚れにくい。だから装填不良が少ないうえ、身体で覚えた取り扱い手順はM16と同じだ。IAR射手がやられても、隣の海兵隊員がすぐに代わって制圧射撃を続けられる」

　厳しい環境下の前進作戦基地では、M249からIARへの換装は歓迎された。派兵前の10月初旬にIARが配備されたが、改善点は数えるほどしかなかった。

　「精密射撃が可能な兵器は大きな改善だ」。そう語るのは4度目の戦闘任務につく第7海兵連隊第2大隊要人警護分遣隊指揮官のマシュー・ヘンダーソン2等軍曹だ。軍曹はさらに続けた。

　「IARの使用範囲をもっと広げたい。たとえばM249分隊支援火器の代わりにIARを狙撃小隊で活用すれば大きな強みになる」

　ヘンダーソン2等軍曹は制圧射撃ではなく精密射撃に焦点を当てている。これはアメリカ海兵隊の射撃モットーを忠実に踏襲しており興味深い。

　「海兵隊員の信条」には「戦場で大切なのは、弾数でも銃声でも硝煙でもない。命中弾こそすべてだ。私とライフルはそれを知っている。私はこのライフルで敵を狙い、全弾命中させる……」とある。

M27 I ARでは制圧射撃任務はできない

　歩兵火力班おけるミニミ分隊支援火器の役割を再検討しているのはアメリカ海兵隊だけではない。イギリス国防省も同様だ。

　2016年3月15日付け『ジェーンズ・ディフェンス・ウィークリー』の記事によると、イギリス軍歩兵火力班に装備されているベルト給弾式機関銃、ことにミニミ分隊支援火器の役割を見直すことにしたという。

　現行の部隊構成では、火力班には5.56mm×45弾仕様のSA80A2個人火器、銃身下に榴弾発射筒を付けたSA80A2、7.62mm×51弾仕様のL129A1狙撃ライフルおよび5.56mm×45弾仕様のＦＮハースタル社製空挺用ミニミ軽機関銃が各1挺配備されている。

　修正案ではミニミを除外し後継機種は採用しない。制圧射撃の役割はUGL（訳注：銃身下に装備する40mm榴弾発射筒）とL129A1が引き継ぐが、後者はＩＡＲに極めて近いコンセプトの兵器である。

　アメリカ海兵隊およびイギリス軍に見られる展開は、これまでのM249およびミニミ分隊支援火器の実績、そして将来性を疑問視するものであり、同銃の行く末を考察するうえで極めて重要だ。

　戦場に赴くこともなく安全な書斎にいる者が、歴史家として同分隊支援火器への判断を下す際は、ことに慎重を期さなくてはならない。

　少なくとも、アメリカ軍において、M249分隊支援火器が多くの問題に遭遇してきたのは事実だ。また卓越した戦闘能力を有するアメリカ海兵隊が、広範な試験を経ずに新兵器へと安易に

転換することはありえない。さらにM27ＩＡＲは制式化されてからの時間が短く、まだ実戦における性能を検証するデータが蓄積されていない。

確かにミニミおよびM249分隊支援火器に欠点はあったが（大部分はすでに改善されている）、同分隊支援火器があらゆる戦場で歩兵火力班に大きな制圧火力を与えた事実は認めるべきだろう。

制圧火力は必ずしも命中精度を意味しない。大量の弾丸を一定地域に浴びせかけ、作戦行動はおろか生存すらも脅かす「集中着弾ゾーン」を作り出す能力だからだ。

M27ＩＡＲの優れた射撃精度を考慮しても、実質的発射速度が35発/分では制圧射撃任務は遂行できない。

ミニミ分隊支援火器排除の動きに疑問の声

現在、ミリタリー系の出版物では、ミニミ分隊支援火器排除の動きを疑問視する声が上がり始めている。2015年10月の『ミリタリー・ガゼット』誌に、ＩＡＲへの転換を「後ろ向きの大飛躍」とする記事が掲載された。筆者のマイケル・セスナの論点は次のとおりだ。

本来、全自動火器は精密射撃用ではない。というより、着弾のばらつきと高い発射速度が相まって有益な「地域制圧効果」を生む。

さらにセスナは、アメリカ陸軍がＩＡＲを制式化していない理由と、アメリカ海兵隊がＩＡＲを制式小銃として全海兵隊員

2008年5月、ドイツで行なわれたNATO軍合同演習でミニミ分隊支援火器を構えるフランス軍兵士。フランス陸軍は空挺用ミニミ分隊支援火器を使用している。（US Army）

向けに採用しない理由に疑問を投げかけている（いうまでもなく費用が主な原因だが）。

トム・ハドソンも『ガン・ニューズ』公式サイトに寄稿し、ミニミからＩＡＲへの転換に疑問を呈している。長くなるが、以下引用する。

　海兵隊が分隊レベルでの戦闘様式の変更を考えているのは明らかだ。実戦で海兵隊のモットーである精密射撃が妥当だと判明した結果、かなり極端な戦術変換を決意したのだ。

　しかしＩＡＲが任務遂行に適した兵器だろうか？　率直に言えばM27ＩＡＲには懸念を抱いている。

　まず箱型マガジン給弾が問題だ。戦闘時、ミニミ分隊支援火器射手は弾薬を1000発携行したが、これはＩＡＲだとマガジン33個分に相当する。これだけのマガジンをどうやって携行するか？

　次に、ＩＡＲが遠距離交戦時の精密射撃に使われるとしたら、なぜM14バトルライフルの7.62mm弾のような大口径弾薬を使わないのか？

　私が陸軍にいた頃、「待ち伏せ攻撃されたら持てる限りの最大火力で反撃せよ」と習った。しかしミニミを処分した今日の海兵隊分隊は、M16アサルトライフルとM27ＩＡＲだけで反撃しなければならないのだ。このような状況に陥ったら、M249分隊支援火器を廃したことが悔やまれるだろう。

　M27ＩＡＲがあらゆる面でM16A4アサルトライフルの性能を凌駕しているのだとしたら、なぜM27ＩＡＲをM16ライフルの代わりとして制式化しないのかという疑問も残る。

箱型マガジン給弾の全自動小銃というアイデアはM1918ブローニング・オートマチック・ライフル（BAR）に遡る。実際、H＆K社はM27ＩARをBARの弟分と呼んでいる。

　予言的な比較だが、BARは第2次世界大戦で広範に使用された。しかし、1950年代後半になると、より強力な制圧射撃が可能なベルト給弾式オープンボルト軽機関銃が分隊支援用に求められるようになった。これはM249分隊支援火器とＩARの話を逆にしたものにそっくりだ。歴史は繰り返すだろうか？

　予備兵器として保管されていたM249分隊支援火器を引っ張り出してくるかどうかは10年も経てば自ずとわかるが、個人的にはそうなるのではないかと思っている。

　装弾数に関するハドソンの指摘は核心をついている。関係筋によれば、ＩAR用マガジンは個々の火力班以外の部署にも備蓄されるというが、射手の自己完結性という観点からすれば兵站を複雑化させるだけだろう。

　また、前述した5.56mm弾の威力不足に対する懸念を考慮すると、ＦＮ SCARなど強力な7.62mm口径の全自動アサルトライフルが入手可能な現在、海兵隊が7.62mm弾を選択しなかった判断には疑問が残る。

　筆者が見るところ、ミニミおよびM249分隊支援火器とＩARタイプのライフルをめぐる議論はまだ最終結論に達していない。いろいろな意味で、M249分隊支援火器は比類なき兵器である。スムーズに作動する限り、拠点防衛と攻撃火力の両面で同銃ほど優れた小火器はない。

ほぼ2世代にわたる兵士たちにとって、ミニミおよびM249分隊支援火器は火力優勢を実現した兵器だった。これこそ同銃の最も重要なインパクトであり、将来もこの影響力は続くであろう。

ミニミ/M249分隊支援火器に優る兵器はない

　M27ＩＡＲをはじめとする新型小火器の登場は、ミニミ/M249分隊支援火器の終焉の始まりではない。それどころか、同銃とその派生型は世界中の軍隊で広く採用されている不可欠の装備だ。

　アメリカ海兵隊でM27ＩＡＲと交換されたものの、ベルト給弾式機関銃が歩兵部隊の火力に不可欠だと考える軍関係者は多い。メーカーのＦＮ社はつねに不具合を改良し、新機能を追加してミニミ分隊支援火器を進化させてきた。

　新型Mk3の登場は、同社が日進月歩の小火器テクノロジーと付属品分野で後れをとることなく、技術的な問題を克服していることを示している。

　ミニミ/M249分隊支援火器の「周辺付属装備品」の果たす役割は実際に増大している。距離計や暗視スコープ、レーザー照準システムなどを装着することで、ＩＡＲと比較した際の欠点とされる命中精度を向上させることが可能となる。

　また、5.56mm口径のベルト給弾式支援火器はミニミ/M249だけではない。1990年代、ミニミに触発されたイスラエルは、よく似た外見のネゲブ軽機関銃を完成させ、1997年にガリルライフルと換装した。

　常に実戦に備えるイスラエルがミニミ分隊支援火器を模倣し

M249分隊支援火器を構えつつ海から現れたアメリカ海軍特殊戦部隊員。塩分の浸透による作動不良を防ぐため、この銃は訓練終了後に徹底的なクリーニングが必要だ。(US Navy)

たことは、同銃への賛辞にほかならない。また、分隊軽機関銃が戦術的に広く受け入れられていることも示している。

　ネゲブ軽機関銃は、イスラエル国防軍（IDF）で使用されているほか、アゼルバイジャン、コロンビア、エストニア、グルジア、マセドニア、タイ、ウクライナ、ベトナムなどでも制式兵器となっている。

　2012年にネゲブの7.62mm口径モデルが登場したことから、諸

ヨルダン川西岸地区のナブルスで、5.56mm口径ネゲブ軽機関銃を携行して警
戒するイスラエル国防軍の兵士。ネゲブ軽機関銃はミニミ分隊支援火器に触
発されて開発されたものの1つである。(IDF)

外国がより長射程で貫通性能に優れた軽機関銃を望んでいるこ
とがわかる。

　ミニミ/M249軽機関銃と外見が似たもう1つのライバルが
H&K社のMG4軽機関銃だ。ミニミ/M249分隊支援火器やネゲ
ブ軽機関銃と同じく、MG4軽機関銃は5.56mm口径のガス圧利
用作動方式で、ベルト給弾方式の軽機関銃だ。有効射程は1000

メートルでドイツ連邦軍が小隊支援火器として制式化した。また、マレーシア、ポルトガル、南アフリカ、スペインなどの軍隊でも採用されている。

　本書執筆時点で、ミニミ分隊支援火器はすでに40年の歴史をもっている。この分隊支援火器は、最前線でつねに厳しい試練にさらされてきた兵器だ。批判も多く問題があったことも事実だが、同銃の評価が大きく損なわれることはなかった。

　最近の戦術的思考が精密射撃のM27ＩＡＲに傾くなか、今後10年間で各国軍隊のミニミ/M249分隊支援火器に対する対応が変化する可能性がある。

　しかし、軍の決断には慎重さが求められる。過去の戦訓が必ずしも未来の戦いの指針になるとは限らない。不変なのは、敵兵力を制圧消耗させる全自動火器が歩兵には必要だという事実だけだ。

　この一点で、ミニミ/M249分隊支援火器に優る兵器はない。

参考文献

Arvidsson, Per (2012). "Is There a Problem with the Lethality of the 5.56 NATO Caliber?," in *Small Arms Defense Journal*. Available online at: http://www.sade-fensejournal.com/wp/?p=769 (accessed April 14, 2016).

Bruce, Robert (2012). "M27, Part Two: From BAR to IAR – How the Marines Finally Got Their Infantry Automatic Rifle," in *Small Arms Defense Journal*. Available online at: http://www.sadefensejournal. com/wp/?p=1445 (accessed April 14, 2016).

Burden, Matthew Currier (2006). *The Blog of War*. New York, NY: Simon & Schuster.

Devil CAAT (2003). *The Modern Warrior's Combat Load Dismounted Operations in Afghanistan April–May 2003*. Fort Leavenworth, KS: US Army Center for Army Lessons Learned.

Ehrhart, Thomas P. (2009). *Increasing Small Arms Lethality in Afghanistan: Taking Half-Kilometer*. Fort Leavenworth, KS; School of Advanced Military Studies, United States Army Command and General Staff College.

Ford, Roger (1996). *The Grim Reaper: Machine Guns and Machine-Gunners in Action*. London:Sidgwick & Jackson.

Ford, Roger (1999). *The World's Great Machine Guns: From 1860 to the Present Day*. London: Brown Packaging Books.

Galer, Andrew (2016). "British Army to review use of belt-fed weapons and light mortars," in *Jane's Defence Weekly*. Available online at: http://www.janes.com/ar-ticle/58800/british-army-to-review-use-of-belt-fed-weapons-and-light-mortars (accessed April 14, 2016).

Grundy, Ray (2001). "The M249 Light Machine Gun in the Automatic Rifle Role," Marine Corps Association and Foundation. Available online at: https://www.mca-marines.org/gazette/m249-light-machinegun-automatic-rifle-role (accessed April 14, 2016).

Hognose (2013). "The SAWs that never WAS," multiple entries on WeaponsMan.com. First part (linked to subsequent parts) available online at: http://weaponsman.com/?p=11476 (accessed April 14, 2016).

Hudson, Tom (2013). "Marines Implement IAR – M27," in GunNews.com. Available online at: http://www.gunnews.com/marines-implement-iar-m27/ (accessed April 14, 2016).

McNab, Andy (1993). *Bravo Two Zero*. London: Corgi.

Mercure, Robert (2012). "M249 becomes an Endangered Species in the Corps," in MarinesBlog.Available online at: http://marines.dodlive.mil/2012/11/15/m249-becomes-an-endangered-species-in-afghanistan/ (accessed April 14, 2016).

Project Manager Soldier Weapons (PMSW) (2003). *Soldier Weapons Assessment Team Report 6-03 Operation Iraqi Freedom*. Fort Belvoir, VA; US Army Program Executive Office.

Russell, Sara M. (2006). *Soldier Perspectives on Small Arms in Combat*. Alexandria, VA: CNA.

Smith, Walter and Edward Ezell (1977). *Small Arms of the World*. Mechanicsburg, PA; Stackpole.

Smith, LTC Jim Smith (2003). "Operation Iraqi Freedom: PEO Soldier Lessons Learned."

US Army. US Army (1981). "XM 249 Machinegun Selected as Candidate for SAW," in *Army Research,Development & Acquisition Magazine*, January–February 1981: 17–19.

US Army (1994). FM 23-14, *M249 Light Machine Gun in the Automatic Rifle Role*. Washington, DC:Headquarters, Department of the Army.

US Army (2003). FM 3-22.68, *Crew-Served Machine Guns, 5.56-mm AND 7.62-mm*. Washington, DC:Headquarters, Department of the Army.

US Army (2005). After-action report. Available online at: https://wikileaks.org/irq/report/2005/07/IRQ20050717n2231.html (accessed April 14, 2016).

US Army (2006). *Soldier's Manual of Common Tasks: Warrior Skills Level 1*. Washington, DC:Headquarters, Department of the Army.

US Army (2008). *Wanat: Combat Action in Afghanistan, 2008*. Fort Leavenworth, KS: Combat Studies Institute Press.

US Department of Defense (DoD) (2008). MIL-PRF-63460E.

US Marine Corps (n.d.). *M249 Light Machinegun B3M4138 Student Handout*. Camp Barrett, VA; Marine Corps Training Command.

監訳者のことば

　本書『ミニミ軽機関銃』（The FN MINIMI Light Machine Gun）は、軍事・戦史研究の分野で定評があるオスプレイ社の「ウェポン」シリーズの１冊である。著者のクリス・マクナブ氏は、戦史と軍事テクノロジー分野で多くの出版物を発表している。

　銃器の専門誌などに記事の執筆をしている私は、ミニミ分隊支援火器の開発当時から何回もベルギー・リエージュ郊外のハースタルにあるFNハースタル社に足を運び、その初期段階のミニミ分隊支援火器に接してきた。

　同社はベルギーのズーテンダールに弾薬研究所と大口径小火器まで射撃できる試射場をもっている。ミニミ分隊支援火器はこの試射場で試射させてもらい、そのリポートも数回執筆したなじみの深い小火器でもある。

　本書では触れられていなかったが、ミニミ分隊支援火器にはこの開発・設計に大きなインスピレーションを与えたと思われる銃が存在する。

　それはチェコスロバキア（当時）が1950年代初頭に開発した7.62mm×45弾薬口径のモデルVz52軽機関銃（分隊支援火器）である。この軽機関銃は世界に先駆け、小型で軽量、弾薬帯による給弾と分隊員が持つアサルトライフルのマガジンからも給弾

できるように設計されたものだった。さらに射撃準備のコッキングもレシーバー下のバーチカルグリップを前後に動かすだけでできる即応性に富んだものだった。

　チェコスロバキアの小火器採用は通常と逆に機関銃が先行して制式化され、アサルトライフルが遅れて制式化された。これは当時のチェコスロバキアが置かれた微妙な政治的背景が影響していた。

　当時、同国はドイツから解放されたもののヤルタ会談の密約でソビエトの勢力下に置かれることになっており、ソビエトが自国の兵器体系の採用を強く要求し、チェコスロバキア独自の兵器開発に圧力を加えたためアサルトライフルの制式化が遅れたのだった。

　当初、チェコスロバキアは独自の7.62mm×45弾薬を使用するアサルトライフルを計画していたが、ソビエトの圧力に屈して最終的にソビエトが推す7.62mm×39弾薬で再設計し、モデルVz58アサルトライフルとして制式化した。

　前述のモデルVz52軽機関銃にも改修が加えられ、7.62mm×39弾薬を使用するモデルVz52/57軽機関銃として再制式化された。

　ライフルの制式化の方が遅く、それに要した時間や混乱のため、せっかくの世界初の機構を持つ軽機関銃のアイデアが世界の銃砲界に与えた影響はほとんどなかった。

　モデルVz52/57軽機関銃は中東戦争やベトナム戦争にも投入されたものの、主力として使用されていたAKアサルトライフルのマガジンと互換性がなかったため、せっかくの新機軸も効果を上げることは少なく、広く関心を集めることはなかった。

だが、世界の兵器開発に大きな注意を払っているＦＮ社がこの新機軸満載の軽量機関銃に注目しないわけがなかった。

アメリカ軍がミニミを採用する大きなきっかけとなったのはベトナム戦争だった。

第２次世界大戦後（正確には朝鮮戦争後）アメリカ軍は、本書にも出てくる分隊支援火器のＢＡＲを廃止したため、ベトナム戦争で分隊支援火器をほとんど持たないまま戦闘に臨み、歩兵の近接戦闘支援のためには重くかさばるＭ60汎用機関銃が使用された。これに対し南ベトナム解放民族戦線（ベトコン）側は、ソビエトに準じた兵器体系をとり、多くのＲＰＤ分隊支援機関銃や75発容量のドラムマガジンと長い銃身を備えたＡＫアサルトライフルの派生型のＲＰＫ分隊支援火器を投入した。

徒歩によるジャングルや山岳地域での戦闘では、重くかさばるＭ60は決定的に不利で、アメリカ軍は苦戦した。この経験がのちにミニミ分隊支援火器を採用する大きな理由になったのである。

本書で著者は「部隊の火力構成のカギは、異なる機能と性能を有する兵器を組み合わせることにある。各兵器の限界を考慮し、組み合わせで互いの短所を補うのだ」と述べている。これは兵器の特性や性能を考察し、評価するうえで忘れてはならない思想である。

読者もミニミ軽機関銃をこの具体例として、このような視点の重要性を理解、再確認されるにちがいない。

ドイツ・デュッセルドルフにて
床井雅美

訳者あとがき

　ＲＯＴＣカデット（予備役士官訓練部隊の士官候補生）時代、私は野戦演習ではM60汎用機関銃を携行した。「汎用」とは定位置からの防御任務にも、ライフル歩兵とともに移動する攻撃任務にも対応するという意味だ。

　しかし、M60は銃本体だけで10キログラム以上あり、これに600〜900発の弾薬と予備銃身を加えると総重量はゆうに30キログラムを超える。

　アラスカでの冬季訓練中、M60射手を買って出たことがあるが、慣れない「かんじき」履きの行軍中、バランスを崩し、新雪の吹き溜まりに頭から突っ込んでしまった。

　斜めに構えた銃の重みで自力では雪から抜け出せず、副機関銃手のカデットに助け出された。このとき機関部に混入した雪で装填レバーが凍結し、敵陣に前進を開始した仲間の援護射撃ができず作戦は失敗。指導教官に大目玉を食らった。ＢＡＲ（ブローニング・オートマチック・ライフル）のような、１人で楽に扱える分隊支援火器があればと願ったものだ。

　あれから30余年。本書の翻訳を進めるうち、ミニミ軽機関銃（米軍制式名称：M249ＳＡＷ〔Squad Automatic Weapon〕）こそ、強大な火力支援が可能で、かつ１人で持ち運べる理想的な分隊支援火器だということがわかってきた。

製造元のＦＮ社の言葉を借りれば、重くてかさばるM60にとって代わる「BARの弟分」である。

　著者のクリス・マクナブは、小火器専門家と軍事歴史家の膨大な知識をフルに活用してミニミ軽機関銃開発の背景に光を当てる。また実戦であぶりだされた問題点に関しては、公式の作戦報告書を随時引用して解明していく。読者はこのプロセスで「究極の軽機関銃」を追い求める銃器デザイナーが対峙するジレンマを実感するだろう。

　わかりやすい例は弾薬の選択だ。長大な射程と貫通性能を重視すればフルパワーライフル弾を採用することになるが、銃は重くなり機敏性を犠牲にしてしまう。中間弾薬仕様の銃なら軽便なうえ携行弾薬数も増えるが、殺傷力不足に加え500メートルを超える距離の敵とは有利に交戦できなくなる。

　イラクやアフガニスタンなどの過酷な環境下で実戦使用されたM249分隊支援火器の戦歴は、この板挟みの状況を具体的に示している。

　ミニミ分隊支援火器は75か国以上の軍隊で採用され、実戦で多大な戦果を上げてきた。著者はこの事実に基づきミニミを高く評価する。しかし同時に、戦場で指摘されたさまざまな問題点も公平に考察している。

　最も頻繁に批判されたのは、熟練するまでに多大な訓練が必要だという点だろう。装填不良が起きると、十分な訓練を受けていない歩兵では問題をクリアして射撃を再開することができないのだ。

ちなみに、ヨルダン出身のテロリスト、アブ・ムザブ・ザルカウィ（2006年、米軍が殺害）がM249分隊支援火器を射撃するビデオでも作動不良が起きていた。自分だけでは対処できず、部下の男が横から再装填の手助けをしていた。

　同ビデオ発見当時、米政府は「テロリストが武器取り扱いの未熟さを露呈」として逆プロパガンダに使った。だが米軍内部では「単純なロシア製小火器に慣れた者にとって、ミニミは使いこなすのが難しい」という率直な意見も聞かれた。

　前述のBARは第1次世界大戦末期から朝鮮戦争まで広く使用され、分隊レベルの火力増強に一役買った。しかしBARは20発箱型マガジンで給弾し、過熱しても銃身交換ができない欠点を抱えていた。1950年代後半、持続した制圧射撃が可能なベルト給弾式軽機関銃が分隊用に要望されるようになった所以（ゆえん）である。

　この用兵思想の流れの中でミニミ軽機関銃が誕生したと言える。ところが今日、潮目が再び変わりつつある。分隊レベルの火力を「制圧射撃」から「精密射撃」に転換する動きは、アメリカ海兵隊が採用したM27歩兵自動小銃（ＩＡＲ）に示されている。箱型マガジンと固定銃身を持つM27ＩＡＲは、BARへの先祖返りと言うこともできるだろう。

　著者のマクナブの見識と公平な考察を通し、読者は「M249分隊支援火器の時代が続くのか、あるいはM27歩兵自動小銃への転換が各国軍隊にも波及していくのか」の判断を自ら下すことができると思う。

湾岸戦争当時、私の中隊にはまだM60汎用機関銃が配備されていたが、後日転属した部隊は戦闘兵科ではないため、武器庫にあるのは小銃と拳銃のみだった。そういう事情で、ミニミ軽機関銃を射撃する機会や簡易分解の体験を逃してしまった。

　したがってミニミの構造や作動プロセスを扱った部分の翻訳では、正確さを期するため小火器の世界的権威である床井雅美氏のお手を煩わせた。この場を借りてお礼を申し上げます。

アリゾナ州ハーフォードにて
加藤　喬

THE FN MINIMI Light Machine Gun
Osprey Weapon Series 53
Author CHRIS McNAB
Illustrator Johnny Shumate, Alan Gilliland
Copyright © 2017 Osprey Publishing Ltd. All rights reserved.
This edition published by Namiki Shobo by arrangement with
Osprey Publishing, an imprint of Bloomsbury Publishing PLC,
through Japan UNI Agency Inc., Tokyo.

クリス・マクナブ（Chris McNab）
戦史と軍事テクノロジー分野で著作活動を行っており出版点数は40冊を超える。オスプレイのウェッポンシリーズでも活躍しており、『ドイツ軍自動ライフル1941-45』、『MG34とMG42機関銃』および『バーレット・ライフル』など多数。

床井雅美（とこい・まさみ）
東京生まれ。デュッセルドルフ（ドイツ）と東京に事務所を持ち、軍用兵器の取材を長年つづける。とくに小型火器の研究には定評があり、世界的権威として知られる。主な著書に『世界の小火器』（ゴマ書房）、ピクトリアルIDシリーズ『最新ピストル図鑑』『ベレッタ・ストーリー』『最新マシンガン図鑑』（徳間文庫）、『メカブックス・現代ピストル』『メカブックス・ピストル弾薬事典』『最新軍用銃事典』（並木書房）など多数。

加藤 喬（かとう・たかし）
元米陸軍大尉。都立新宿高校卒業後、1979年に渡米。アラスカ州立大学フェアバンクス校ほかで学ぶ。88年空挺学校を卒業。91年湾岸戦争「砂漠の嵐」作戦に参加。米国防総省外国語学校日本語学部准教授（2014年7月退官）。著訳書に『ＬＴ』（TBSブリタニカ）、『名誉除隊』『アメリカンポリス400の真実！』『ガントリビア99』『M16ライフル』『MP５サブマシンガン』『MP38/40機関銃（近刊）』（並木書房）など多数。

ミ ニ ミ 軽機関銃
―最強の分隊支援火器―

2020年 7 月 1 日　印刷
2020年 7 月10日　発行

著　者　クリス・マクナブ
監訳者　床井雅美
訳　者　加藤　喬
発行者　奈須田若仁
発行所　並木書房
〒170-0002 東京都豊島区巣鴨2-4-2-501
電話(03)6903-4366　fax(03)6903-4368
http://www.namiki-shobo.co.jp
印刷製本　モリモト印刷
ISBN978-4-89063-399-9

M16ライフル
米軍制式小銃のすべて

THE M16：Osprey Weapons Series

G.ロットマン著／床井雅美監訳／加藤喬訳

M16ライフル

米軍制式小銃のすべて

プラスチックとアルミニウムで作られた斬新なM16ライフルは、以後60年間、数多くの改良が重ねられ、M4カービンに発展し、現在に至っている。ベトナム戦争に従軍した兵器専門家がM16ライフルの開発の歴史を詳述し総括。M16ライフルのすべて！

定価1800円＋税

AK-47ライフル
最新のアサルト・ライフル

THE AK-47：Osprey Weapon Series

G.ロットマン著／床井雅美監訳／加藤喬訳

AK-47ライフル

最強のアサルト・ライフル

取り扱いが容易で故障知らずのAK-47ライフルは使い手を選ばない。世界中の軍隊や反乱軍、ドラッグディーラー、少年兵、自由の戦士、テロリストらが高い殺傷力を誇るAK-47とその派生型を使っている。開発およびその有効性、最新の派生型を徹底検証！

定価1800円＋税

MP5サブマシンガン
対テロ部隊最強の精密射撃マシン

THE MP5：Osprey Weapon Series

L.トンプソン著／床井雅美監訳／加藤喬訳

MP5サブマシンガン

対テロ部隊最強の精密射撃マシン

高い命中精度と発射速度を兼ね備えた堅牢な造りのMP5は、人質救出をはじめ、精密射撃が必要な状況下での戦術を一変させた。MP5の開発経緯から独特な作動メカニズム、多彩なバリエーション、運用の実際まで、そのすべてを解き明かす！

定価1800円＋税

スペツナズ
ロシア特殊部隊の全貌

M.ガレオッティ著／小泉悠監訳／茂木作太郎訳　ロシア軍最強の特殊部隊「スペツナズ」は高度の戦闘力と残忍さ、そして高い技術で名声を轟かせている。だがその詳細を知る人は少なく、存在は神格化されている。部隊の誕生から組織・装備まで多数の秘蔵写真とともに、その実像に迫る！

定価1800円＋税

米陸軍レンジャー
パナマからアフガン戦争

L.ネヴィル著／床井雅美監訳／茂木作太郎訳　米陸軍の中で唯一、部隊名に「レンジャー」を冠した第75レンジャー連隊——アフガニスタンやイラクの戦いではデルタフォースやシールズとともに特殊作戦に従事し、高い戦闘能力を発揮。今も進化を続けるレンジャー部隊の実像を初公開する！

定価1800円＋税

欧州対テロ部隊
進化する戦術と最新装備

L.ネヴィル著／床井雅美監訳／茂木作太郎訳　対テロ戦の道を切り開いたSAS英陸軍特殊部隊、ドイツのGSG9、フランスのGIGNの発展と作戦をたどりながら、これらの部隊を手本にして発足した30以上の欧州の対テロ部隊を紹介。各種戦術シナリオのイラストと最新の写真をもとに実像を詳述！

定価1800円＋税

SAS 英陸軍特殊部隊

世界最強のエリート部隊

L・ネヴィル 著
床井雅美 監訳
茂木作太郎 訳

1980年の駐英イラン大使館占拠事件で鮮烈なデビューを飾ったSASは世界で最も知られる特殊部隊となり、いまも世界の特殊部隊のリーダー的な存在である。フォークランド戦争以降の主要作戦から対テロ戦まで、成功事例だけでなく、失敗例や失策にも言及しながら、SAS連隊の実像に迫る！ 定価1800＋税